小さな地球の大きな世界

プラネタリー・バウンダリーと
持続可能な開発

J. ロックストローム　M. クルム 著

武内和彦　石井菜穂子 監修

谷 淳也　森 秀行 ほか 訳

丸善出版

BIG WORLD SMALL PLANET
All Rights Reserved
Copyright © Bokförlaget Max Ström 2015
Text Copyright © Johan Rockström
Text Pages 114-115 and photo captions Mattias Klum

For copyright in the photographs see acknowledgement pages, which are to be regarded as
an extension of this copyright.

Japanese translation rights arranged with
BOKFÖRLAGET MAX STRÖM AB
through Japan UNI Agency, Inc., Tokyo

監修者まえがき

　本書は，サスティナビリティやレジリエンスの研究で世界的に著名なヨハン・ロックストローム氏と写真家のマティアス・クルム氏が 2015 年に出版した *Big World Small Planet: Abundance within Planetary Boundaries*（Bokförlaget Max Ström）の翻訳である．人間活動の加速的拡大が地球システムそのものを脅かしている現状について，科学的知見に基づいて警鐘を鳴らすとともに，地球システムが許容するプラネタリー・バウンダリー（地球の限界）の範囲内で，科学技術の発展や持続可能な社会への転換を促し，貧困の緩和と経済成長を追求する新たな発展パラダイムを提唱している．

　出版に至った経緯については，序文に詳しいところであるが，温室効果ガス削減に向けた新たな国際的枠組みの合意を目指して開催された 2009 年のコペンハーゲンでの国連気候変動枠組条約第 15 回締約国会議（COP15）の失敗が発端であった．著者の両氏と同様に，私もこの会議に居合わせていたが，世界からの大きな期待が大きな失望に変わる瞬間を目の当たりにした．そこで両氏は，地球環境の危機的状況を政治家や政策決定者のみならずさまざまな関係者に向けて広く発信し，持続可能な社会を可能にする自然や地球との関係について新しい視点で考える必要性を痛感したのである．

　原著が出版された直後，世界にとって歴史的ともいえる二つの国際的合意が採択された．2015 年 9 月にニューヨークで開催された国連サミットで「持続可能な開発のための 2030 アジェンダ」が採択され，地球規模の持続可能性達成に向けた 17 の目標と 169 のターゲットから構成される持続可能な開発目標（SDGs: Sustainable Development Goals）が策定された．そして，2015 年 12 月にパリで開催された COP21 では，すべての条約締約国が参加する 2020 年以降の新たな気候変動枠組「パリ協定」が採択され，2℃目標の設定および 1.5℃抑制への努力という長期目標，そして 21 世紀後半に温

iv　監修者まえがき

室効果ガスの排出量を実質ゼロにする脱炭素化の目標が掲げられた．現在世界では，これらの合意の実施に向けて，各国政府のみならず，自治体，企業，NGO といった多様なステークホルダーも意欲的な取り組みを進めている．こうした動きは，本書で示された新たな発展への道筋とまさに軌を一にしていると言えるが，まだ端緒についたばかりである．取り組みを加速させ，確実なものとするためには，さまざまなステークホルダーの間の連携を一層深化させるとともに，私たちの価値観，社会規範，ライフスタイルそのものを大きく変えていく必要がある．原著の出版から約 3 年が経過しているが，本書で示された新たな発展の考え方は，ダイナミックに進展する世界の未来を考えるうえできわめて示唆に富むものであり，とくに日本が世界の変革に遅れをとることなく取り組みを進めるための有益な指針を与えてくれる．

　私が理事長を務める公益財団法人地球環境戦略研究機関（IGES）では，多様なステークホルダーの協働による「知識の共創」に重きを置きながら，プラネタリー・バウンダリーが十分に尊重された自然と共生する持続可能な社会の実現に向けた実践的な政策研究を行っている．また私が会長を務める中央環境審議会では，2018 年 4 月に答申した第五次環境基本計画において，プラネタリー・バウンダリーの範囲内での新たな成長と豊かな暮らしの追求を盛り込んだ．今回，IGES の研究活動とも深く関連する本書の翻訳出版に理事長として携わることができたことは大変光栄であった．本書を通じて，日本の読者の皆さん一人ひとりが，「小さな地球の大きな世界」の新たな発展のあり方について考え，持続可能な社会の構築に向けたそれぞれの歩みをより確実にしていただければ幸いである．

公益財団法人地球環境戦略研究機関（IGES）理事長

武内　和彦

監修にあたって

　2015 年 1 月，世界経済フォーラムで賑わっているダボスのコーヒーショップで，ヨハンとマティアスから，とても綺麗な写真入りの本をもらった．それがダボスでのお披露目を待つ，本書の新刊見本であった．

　私とヨハンとの出会いは，2012 年に私が地球環境ファシリティ（GEF）の CEO の職に応募し，GEF の長期的な戦略の骨格となるフレームワークを模索していた時期に遡る．地球環境問題の根本的な解決のためには，気候変動，生物多様性といった個別の分野からだけではなく，地球環境と人間の経済活動の関係を包括的にシステムの問題として捉える必要がある．そうした研究を進めている科学者のグループがある，と教えてくれたのはニック・スターン教授であった．そうして紹介されたのが，ヨハンと彼の主導する研究者グループが提唱するプラネタリー・バウンダリーのコンセプトである．地球環境の長期的な保全を目標とする GEF にとって，プラネタリー・バウンダリーはまさにうってつけのフレームワークであり，GEF の最初の長期戦略である「GEF2020」（2014 年理事会採択）は，プラネタリー・バウンダリーのコンセプトを根幹にしている．

　2012 年以降，GEF の CEO として活動する中で，私はつねに大きなギャップに悩まされてきた．それは，地球環境問題の本質，つまりサスティナビリティの概念を理解している「グリーン」なコミュニティと，地球環境問題は経済発展の後に考えればいいと未だに思っている「yet to be green（まだグリーンでない）」コミュニティのギャップである．そして，金融界，経済界，政治・政策の世界など，大きな意思決定が行われる分野の多くの人々は，「まだグリーンでない」コミュニティに属している．私には「まだグリーンでない」コミュニティの人々を非難する資格はまったくない．なぜならば，GEF の仕事に就くまで，私自身が「まだグリーンでない」コミュ

ニティの一員であったからである．財務省に在籍していた当時の私にとっ
て，環境問題は単なる外縁の問題にすぎなかった．私自身が地球環境問題の
深刻さ・重大さに震撼したのは，まさに GEF の CEO 選を闘っていたとき
である．しかし私がさらに驚愕したのは，この重大な問題に，どうして私の
同僚は，友人たちは，そして私自身は，無関心でいられたのかである．この
深刻なギャップを認識して以来，どうやってこれを解消できるのかが私のつ
ねの課題となった．「まだグリーンでない」コミュニティのメンタル・バリ
アを打ち破ることの難しさは，向こう岸にいた私自身が身に染みて感じてい
る．しかしこのギャップを超えない限り，そして地球環境問題が，一部の
「グリーン」なコミュニティのみならず，一般の人々の課題にならない限り，
エネルギー制度，都市制度，食糧制度などの制度転換は起こらず，地球環境
問題の根本的な解決はありえないのである．

　本書の邦訳出版の計画は，古い友人との会話から始まった．この超難問を
抱えて悶々としていた矢先，2016 年の夏休みに，大学時代からの友人であ
る谷淳也氏と飲みながら「一冊で地球環境問題が客観的かつ全体的にわかる
本はないか」と尋ねられ紹介したのが，本書である．ちなみに谷氏も私同
様，「まだグリーンでない」コミュニティの一員であった．それがこの本を
読んで，おそらくは私がたどったのと同じ「衝撃」の経過をたどり，そして
「この本は日本語に翻訳して皆に読んでもらうべきだ」という提案を私にし
てきたのだった．

　彼にこの提案をさせたのは，まさに本書のパワーである．原著の序文にあ
るように，本書が書かれた動機は，コペンハーゲンにおける合意の失敗を目
の当たりにした著者らが，地球環境問題を狭いサークルの関係者の外に出し
て，多様な分野の大多数の人が自分の問題として考えるようにしないといけ
ないと，深く決意したことにある．私たちは，まさに著者らの作戦にまんま
と嵌ったといえるかもしれない．

　それから，私たちは，本書の翻訳を出す作戦を練るための知恵と支援を求
めて，出版界，メディア，企業などの知り合いを訪ね歩き，ついに IGES の
方々と出会うことができた．IGES の武内理事長，森所長は，ヨハンとの親
交も深く，全面的な協力をお約束くださった．そして，IGES の方々と谷氏
による翻訳作業を経て，ついに本書は日本の読者に紹介されることになっ

た．まさに，本書と「グリーン」が持つ力が，さまざまな人々を動かした結果である．

　ヨハンは邦訳の提案を大変喜んでくれた．原著出版の 2015 年以降，SDGs の策定に続き，パリ協定が採択され，サスティナビリティへの理解と課題解決に向けたマルチ・ステークホルダーの協働の重要性は格段に高まった．本書の邦訳が，日本の中で多様な読者をたくさん獲得し，サスティナビリティに向けた胎動を確かなものとすることに貢献できれば幸いである．

地球環境ファシリティ（GEF）CEO

石井　菜穂子

日本語版に寄せて

　人類は，いままさに大きな岐路に立っている．将来の繁栄と包摂的な社会の実現は，回復力のある安定した地球の安全な機能空間の中で持続可能な開発を私たちが達成できるかどうかにかかっている．成功の鍵は，私たちの考え方や社会を人類すべてが依存している生物圏に再び結び付ける大きな意識の転換にある．一年ほど前，*Big World Small Planet* の翻訳について IGES の武内理事長と GEF の石井 CEO から打診をいただいた．科学的知見に基づいたプラネタリー・バウンダリー（地球の限界）の考え方，そして「小さな地球の大きな世界」に生きる人類への新たなストーリーを示した本書の日本語翻訳版を，IGES 設立 20 周年の機会に出版できることを非常に嬉しく思う．

　原著の英語版は，プラネタリー・バウンダリー研究の進捗に伴い，気候変動と持続可能な開発に関する主要な国連の会議への貢献も意図し，2015 年中ごろに出版された．その後，グローバルな持続可能性に関するきわめて重要な展開が続いている．2015 年後半，国際社会は，持続可能な開発目標（SDGs）を含む持続可能な開発のための 2030 アジェンダ，そしてパリ協定という歴史的合意に至った．これらの合意は世界の発展に向けた大きな成果であり，未来へのロード・マップを示すものである．私たちはこれらの合意が確実に実施されるよう努めなければならない．これらの合意の効果的な実施を可能にする開発パラダイムを示した本書の有用性はますます高まっているといえる．本書では，公正で豊かな世界への革新的な変革を可能とする地球の安全な機能空間を提供するプラネタリー・バウンダリーのフレームワークを提案している．このフレームワークが，SDGs とパリ協定の実施を進める上での基盤となる．

　パリ協定は，京都議定書に代わる 2020 年以降の温室効果ガス排出削減に

関する新たな国際枠組みとして 2015 年 12 月の COP21 で採択された．この歴史的な合意は，気温上昇を 2℃ より可能な限り低く抑制し，さらには 1.5℃ 未満を目指すことを掲げた科学的な合意でもある．気候変動プラネタリー・バウンダリー（最新版）は，すでに 1.1℃ の上昇となっている現状を超えて温暖化が進行した場合，世界的なリスクを伴うという科学的根拠に基づき，1.2℃ を気温上昇の上限に設定しており，この合意を支持するものである*．

一方で，協定自体は法的拘束力をもつにもかかわらず，排出削減や生態系の管理などについての達成方法は各国に委ねられていることから，すべての国による確実な目標達成が課題となる．本書が示す通り，既存の，そして今後飛躍的に進歩することが期待される技術を活用することで，世界が叡智を結集し，構造的なシステム改革や行動・価値観の転換を図り，省エネや再生可能エネルギーの積極的な利用を促すことで目標達成は可能になるであろう．

SDGs は，プラネタリー・バウンダリーの範囲内で世界の繁栄と包摂的な社会の達成を目指すすべての国のための世界で初めてのロード・マップである．SDGs の実施にあたっては，プラネタリー・バウンダリーの科学的な定量化が求められる．世界では，企業や政策決定者の間で，科学に基づく目標（SBT: Science Based Targets）への需要が高まっており，これは好ましい進展である．今後は，これまでのように気候変動のみではなく，プラネタリー・バウンダリーといった地球システム全体の目標を設定していくことが課題である．

また，飢餓の撲滅や気候目標の達成といった目標間の潜在的なトレードオフを克服するには，より長期的で真にグローバルな視点が求められる．そのような視点によって初めて，飢餓を撲滅するとともに世界経済の脱炭素化を

---

* ［訳注］1.1℃ は単年で観測された産業革命前からの気温上昇．気候システムはその内部変動により気温の上昇・下降を短期的に繰り返しながら，長期のトレンドとして上昇を示す．そのため，気候変動に関する政府間パネル（IPCC）では気温予測の際に 20 年平均を用いている．2016 年までの直近の過去 20 年平均でみると，産業革命前からの気温上昇は約 0.85℃ となる．

達成する相乗効果を得ることができる．SDGs は基本的に九つのプラネタリー・バウンダリーのすべてを網羅しており，海洋，気候，生態系，淡水に関する明確な目標を含んでいる．また，土地，栄養（窒素，リン），新規化学物質，大気汚染物質（ブラック・カーボン），オゾン層破壊物質に関する残りのバウンダリーについても，持続可能な農業を通じた飢餓撲滅と食料安全保障の達成（SDG 2），経済成長を天然資源から切り離す持続可能な消費と生産（SDG 12）といった目標に組み込まれている．つまり，SDGs は，地球の回復力が人類の進歩を左右するという新たな認識に基づく新しい発展の論理を示しているのである．

　学術的にも経済的にも先進国である日本において翻訳版が出版されることを光栄に思う．欧州ではここ 10 年，持続可能な開発への移行において科学とビジネスの融合が見られるようになり，企業活動における持続可能性の主流化が顕著になっている．今日，ビジネスではグローバル化が進んでおり，革新のペースと規模には目を見張るものがある．翻訳版出版をきっかけに，すべてのプラネタリー・バウンダリーをカバーする科学に基づく目標（SBT）の策定など，日本においても，持続可能な企業活動に向けた科学とビジネスの真の融合が進むことを期待している．

　上述の通り，原著を出版した 2015 年に取り上げた課題は，今日ますます重要性を増している．人間の圧力により地球システムの不安定化リスクが高まるという科学的証拠に基づき，プラネタリー・バウンダリーのような新しい開発フレームワークの必要性を示した本書を日本の読者と共有できることは大きな喜びである．とくに，日本そして世界の未来を担う若い学生の皆さんには是非こうした課題への理解を深めていただき，社会を持続可能な方向へと導いてほしい．本書のメッセージが，未来の持続可能な開発に向けたイニシアティブと行動に役立てば幸いである．

ヨハン・ロックストローム

目　次

序　文　　変革への協力関係……………………………………………1

重大な 10 のメッセージ………………………………………………9

第一部　　偉大なる挑戦………………………………………………25

　第 1 章　新たな苦難の時代……………………………………………29

　第 2 章　プラネタリー・バウンダリー………………………………59

　第 3 章　大きなしっぺ返し……………………………………………83

　第 4 章　あらゆるものがピークに……………………………………105

第二部　　考え方の大きな変革………………………………………121

　第 5 章　死んだ地球ではビジネスなどできない……………………125

　第 6 章　技術革新を解き放つ…………………………………………141

第三部　　持続的な解決策……………………………………………157

　第 7 章　環境に対する責任の再考……………………………………161

　第 8 章　両面戦略………………………………………………………179

　第 9 章　自然からの解決策……………………………………………199

あとがき　新たなプレイ・フィールド………………………………215

写真に関する補足情報…………………………………………………220

主要な出典および参考文献……………………………………………222

著者紹介…………………………………………………………………230

謝　辞……………………………………………………………………231

序　文
変革への協力関係

　その夜のコペンハーゲンは，とても寒かった．2009 年の大規模な気候サミット（国連気候変動枠組条約第 15 回締約国会議（COP15））が閉幕となり，皆，家路についていた．192 か国の代表による 2 週間にわたる侃侃諤諤の交渉が行われた広大な会議場のベラ・センターには，電源コードを片付けたり，設備を解体したりする作業員の一団のほかは誰も残っていなかった．街路を埋め尽くして抗議した数万人の人々も，上空を舞っていた警察のヘリコプターも，ずっと前に消えていた．オバマ大統領と米国人たちも立ち去った．温家宝首相と中国人たちも立ち去った．政策決定の歴史に立ち会おうとやってきた外交官やジャーナリスト，活動家たちも去り，成功というべきものが何もないまま，ほとんどの人は「失敗」という言葉を口にしながら旅立っていった．

　「何がいけなかったのだろう？」ベラ・センターの外で，マティアスは私に言った．「僕が話した人たちは，みんな大きな期待をもっていたのに.」

　ほんの数日前，マティアスは，彼の写真展でボルネオでの森林伐採の地球規模の影響について，短いプレゼンテーションをしたばかりだった．そこには，英国のブレア元首相やスウェーデンのビクトリア皇太子，国連の気候変動担当特使グロ・ハーレム・ブルントラントなど影響力のある人たちもいた．マティアスは，約 30 年の間，野生動物を撮る写真家や映画監督として活動してきた．その間，何度もボルネオを訪れており，森林伐採が島の低地の熱帯雨林の 75 パーセントを奪い，そこに住むペナン族，そしてオランウータンやピグミー象などの野生生物を脅かしている実情を見てきた．彼はそのことを説明したのだった．

　「誰もが理解してくれたと思った」とマティアスは言った．

　同じ週に，私は欧州連合（EU）の気候変動に関するサイド・イベントに

参加し，似たような経験をした．提案された目標である産業革命前に比べて気温上昇を 2℃ 以内に抑えるためのシナリオを，パネリストとして提示するよう求められた．私は，世界の気候が生物多様性の損失や海洋酸性化などのほかの喫緊の課題と絡み合っているため，気候変動に取り組むだけでは，その目標を達成するには十分ではないかもしれないと指摘した．しかし，ほかのパネリストは私ほど慎重ではなく，その目標は既存の技術で達成できるという自信を見せていた．全体的な雰囲気はかなり楽観的なものだった．

「実際のところ，世界で何が起こっているのか確信をもてない」と私は答えた．「しかし，考えるべき問題が二つある．貧しい者と富める者の間に深い不信感があること，そして，世界の豊かさは健全な地球環境に依存しているのだという科学的事実を私たちがまだ理解していないことだ．」

コペンハーゲンでの会議は，これまでの長い道のりのクライマックスになるはずだった．1992 年にリオデジャネイロで採択された国連気候変動枠組条約の第 15 回めの会合として，また，1997 年に合意された京都議定書の第 5 回めの会合として，気候変動に関する新たな法的拘束力のある合意に署名すべく，世界各国が一堂に会する予定だった．京都議定書（の第一約束期間）は，2012 年に期限が切れることになっていた．

コペンハーゲン会議を前に，私は約 20 名の研究者との共同研究を論文にまとめ，科学誌『ネイチャー（*Nature*）』の 2009 年 9 月号に発表した．「人類にとっての（地球の）安全な機能空間（A Safe Operating Space for Humanity）」と題したこの論文では，全地球的気候や成層圏オゾン，生物多様性，海洋酸性化などの重要な自然システムに関する「プラネタリー・バウンダリー（地球の限界）」の継続的な監視を提案した．もし人類が，極地の氷床の融解や強大な暴風雨，野生生物の大量絶滅など，破滅的な状況に至る転換点（tipping points）の引き金を引くのを避けたいと思うなら，継続的な計測や監視によってその閾値の境界がどこにあるかを知る必要があると指摘した．また，この境界値を特定することによって，人類はより大きな繁栄や正義，そして技術的進歩のための扉を開き，未来への安全な道筋を描くことができると主張した．

世界には発展のための新しいパラダイム，つまり，「安定的で回復力のあるプラネタリー・バウンダリーの範囲内で，貧困の緩和と経済成長を追求す

るという発展のパラダイム」が必要であるということを，最新の科学に基づいて提示したのである．

ネイチャーの編集者は，私たちの研究を「偉大な知的挑戦」とよび，「政策立案者に決定的に必要な情報」を提供し得るものと評したが，それはまさに私たちが期待したことでもあった．予想どおり，この論文は方法論や前提条件への批判を含む，多くの議論を巻き起こした．懐疑論や意見のぶつかり合いを常とする科学とは，こうあるべきものだ．私たちは世の中の科学者たちに一石を投じたかったのである．

この論文の発表以降の新たな科学的な研究や論争によって，プラネタリー・バウンダリーという視点が必要であることが証明された．安全な限界の範囲内で，気候システムや成層圏オゾン，海洋酸性化や現存する森林などの重要なシステムを管理し，河川や陸地の淡水域を十分に確保し，生物多様性を守り，大気汚染や化学物質の放出を防止する限り，これから何世代にもわたって繁栄する未来を確保できると科学的に確認されたのだ．

上記は，科学的な側面の話だ．しかし，私たちの提案はまた，コペンハーゲン会議で出会ったビジネスや政治のリーダーを含む幅広い層の人々にも向けられている．経済と社会を地球に再び結び付けることにより，世界の発展を定義し直すための新しい枠組みを世界に示したかったからだ．そうすることで，地球環境に対する人間の影響を計測する実用的で包括的な道具を作り，手遅れになる前に，持続可能な世界の発展に向けて力を合わせて取り組みたいと考えていた．

ところが，そのような野心的な目標は時期尚早だったことがすぐに明らかになった．コペンハーゲンでは期待できそうな議論もあったが，世界のリーダーたちは，温室効果ガスの排出を削減して，九つのプラネタリー・バウンダリーのうちの一つである大気中の炭素を地球規模で安全な範囲内に抑えるという目標について合意に達することができなかった．会議では，各国を代表するいくつかのグループが退席し交渉は中断した．非公式な会合があちこちで行われた．オバマ大統領と4か国の首脳だけで個別に合意に達したと発表されたときには，ほかの国の会議参加者は疎外感を感じた．メディアは，この会議を「期待はずれで」「機会を逸するもの」だと報じた．スウェーデンの環境大臣アンドレアス・カールグレンは，「最悪」で「大きな失敗」と

まで評した．さらに，ベラ・センターの外では，不満をつのらせたグループが自らの髪を切るパフォーマンスまで行った．「コペンハーゲンは，今夜，犯罪の現場となり，罪を犯した男女が空港に向かって逃げている」と，英国グリーンピースの代表であるジョン・サヴァンは言った．

　もちろん，コペンハーゲンではわずかながらに進展もあった．たとえば，気候変動は単なる環境問題でなく社会経済的な問題でもあることを，世界のリーダーたちがようやく認識した．気候問題の解決策は，従来の考え方の微修正では十分でなく，経済や金融システム，都市開発や食料生産などの間の相互関係を根本的に変革する中からしか生まれないという認識だ．それでも，私たちはベラ・センターの外に立ちつくして落胆していた．

生き方への二つのアプローチ

　マティアスは写真家，私は科学者として，それぞれ異なる世界で生きてきた．私はつねに他者の合理的思考にアピールすることが科学者の仕事であると思っていた．しかし，今回，「事実を目の前にすれば人は正しい決断を下す」と考えることがいかに素朴すぎるか，私にとって痛いほどはっきりした．世界はそうは動かなかった．大多数の人が自分に関わりがあると感じ，何かを信じる場合にのみ，社会の大きな変化が起こる．真の変革は，深い思考の転換を必要とする．数字による説明だけでは達成できない．それは感情と思考の両面から起こることが必要だった．

　写真家であり映画監督でもあるマティアスは，野生生物や土着文化を対象にした素晴らしい写真やドキュメンタリー映像で，世界中の人々を魅了してきた．彼がインドの沙羅の木の森でトラに出くわしたとか，最高の一枚を撮るためにあえてコブラの攻撃圏内に入ったというような話は，シアトルからストックホルム，そして，北京からリオデジャネイロまで，多くの聴衆を魅了した．しかし，人々に行動を起こすよう説得するには，そうした興味に訴えるだけでなく，根拠ある情報が必要だった．

　言い換えれば，マティアスと私はそれぞれ異なる道筋で同じ結論に達しつつあった．すなわち，自然との新しい関係を構築し，変革を起こすためには，科学と芸術，合理的思考と感情の間を橋渡しする必要があると．そして，知識と技術が世界の課題解決に役立つこと，また未来には危機もたくさ

んあるが，機会にも溢れていることをともに信じていた．

この二人の強みを組み合わせて，一緒に発信すればもっと効果的に違いない．

新しい物語

私たちは，その実践として，2012年の春に初めての共著 *The Human Quest: Prospering within Planetary Boundaries*（人類の挑戦：プラネタリー・バウンダリーの範囲内での繁栄）を出版し，リオデジャネイロで開催された国連持続可能な開発会議で，各国代表に手渡した．リオ＋20とよばれるこの会議は，環境と社会の発展に関する懸念を最初に集約した1992年のリオの会議を20年後にフォローアップするものであった．スウェーデンの宝くじから資金を得て，クリントン元米国大統領の序文を付したその本を130以上の国の首脳に提供した．

同じころ，研究者や政策立案者が気候変動などの地球規模の問題について議論するさいに，プラネタリー・バウンダリーの概念を採用し始めていることに気がついた．「プラネタリー・バウンダリー」は，地球規模の環境リスクが高まる中で，グローバル化した世界における持続可能な開発に関する新たな枠組みとして，国連の地球の持続性に関するハイレベル・パネルや世界の貧困問題に取り組む国際協力団体であるオックスファム，世界自然保護基金（WWF）などの組織が注目していた．さらに，EUやリオデジャネイロで開催された大規模な非政府組織（NGO）のフォーラムでも支持された．また，リオ＋20会議自体の作業文書でも，一時，言及されていた．

大多数の人は，その分厚い本を好きになれないだろうと思っていた．それは，主に専門家向けに書かれたもので，マティアスの素晴らしい写真は入っていたが，非常に詳細な脚注や参考文献，そしてデータだらけの40以上の図表が詰め込まれ，2キログラム以上の重さがあったからだ．しかし，それは最初から企図したことだった．この本を通じて，人類の発展に関する画期的な考え方について，信頼できる基準を確立したかったのだ．また，より多くの人たちに世界が危機的状況にあることを訴えたいともひそかに思っていた．熱波や干ばつ，洪水などの極端な気象を毎週のように報じながら，テレビのレポーターは，気候変動が予想以上に早く起こっているのではないかと

繰り返し伝えていた．また，生物学者たちは，気候変動により無数の種の生息地が影響を受け，多くの種が絶滅に瀕し，生態系が崩壊の危機にあると警告していた．

　うれしいことに，ビジネスや地域社会のリーダーも，いま起こっていることの全体像を把握し，環境の変化が脅威となるだけでなく，新しい機会を生み出していることを理解しつつあった．世界のリーダーが，気候変動などの緊急課題に関する「トップ・ダウン」の政策についてまだ結論を出せないうちに，ほかの人たちがすでに動き出し，家族や地域社会，企業，インターネットの中で，「ボトム・アップ」の解決策に取り組み始めていた．そんな中，マティアスと私は，安定的な地球を保ちながら世界が発展する新しいパラダイムを最先端の科学的分析とともに提示し，私たちの情熱や知見そして未来への物語を，このような人々と共有したいと思った．

　世界は新しい物語を求めている．それは，自然と地球全体を賢く守るための創意工夫や核心的価値，人道主義によって，人類がこの美しい地球上で繁栄する希望ある物語である．これまでは，地球と自然にはいくら酷使されても耐えうる無限の容量があるとの前提で，有限の地球において無限の物質的成長が可能であるという物語が支配的であった．その物語は，私たち人類が地球に比べて比較的小さな世界に住んでいたころ，つまり，人間からの圧力を地球が甘受することができた世界でのみ説得力をもっていた．しかし，そういった時代は25年前に終わった．今日，私たちは，小さな地球の大きな世界の中で生きている．そこでは，環境への圧力はほとんど飽和点に達し，地球は，増え続ける異常気象の損害や食料・資源の価格変動といった形で，世界経済に対し請求書を送り始めている．

　私たちは，世界の繁栄を可能にする自然や地球との関係について，新しい視点で考える必要がある．

　そういうわけで，私たちはこの本を書いた．

　本書は，三部構成となっている．第一部では，人間による大規模な環境破壊に対する地球の反応に関して，私たちが直面する状況をまとめた．「プラネタリー・バウンダリー」の概念を説明し，それを無視した場合の主要な脅威について詳しく述べる．第二部では，持続可能な地球における繁栄や正義，そして幸福についての新しい考え方を提案する．自然の美しさを守るこ

とは，あらゆる国家，文明，宗教の共通の価値観であると信じている．地球を醜い場所にしようと日々考える人はいない．科学的，人道的，そして宗教的にも，すべての人は地球に対する大きな責任を共有している．第三部では，90億に達する世界人口のための食料供給や未来のエネルギー供給など，人類が直面する深刻な課題への実践的な解決策を提示する．

　人間が地球環境に与える影響を示した最新データには厳しいものがあるが，この本では，地球を賢く守るための希望や技術革新，そして多くの機会を呼び起こす前向きな話を伝えたい．科学的データと写真を使って，何が本当に重要かということを語りたい．世界の人口は，これから二世代のうちに90〜100億人に達する．そのすべての人は，地球上で豊かに暮らす同等の権利をもつ．私たちが語る物語は，いかにしてこの美しい地球を守っていくかということについてだ．それは，自ら語らぬ地球自体のためではなく，現在と未来の世代の人類のためである．

　世界中の人々がこの種の対話に参加しつつある．2014年9月21日の日曜日，約40万もの人が，気候変動問題の解決を訴えるデモ行進のためにニューヨークのマンハッタン中心部に集まった．圧倒的な眺めだった．セントラルパーク・ウェストでは，北はカテドラル・パークウェイから南はコロンブス・サークルまで，あらゆる年齢と社会階層の人が列をなしていた．これは「通常の」デモではなかった．もちろん，反原発の活動家から終末論を説く新マルサス主義者まで，強硬な環境保護主義者もいた．しかし，10代の子どもを連れた中産階級の親やビジネス・リーダー，起業家も参加していた．先頭には，潘基文国連事務総長（当時）もいた．

　同様のデモ行進は世界中の都市でも行われ，かつてない規模で，気候変動に関して政治的リーダーシップが発揮されるように求めた．それは，重大な可能性を秘めた瞬間，つまり社会の転換点であった．参加者の数も画期的だったが，それだけではなかった．今日の汚く，非効率で危険な方法とは決別し，クリーンで経済的，社会的に魅力ある持続可能な未来へ舵を切り，将来，よりよい経済成長を実現するために，政治システムと連携すべきだとアピールしていた．

　その前日に，グローバル・チャレンジ財団が，驚くべき調査結果を発表していた．調査では，人間が気候変動の原因であるのか，そして気候問題の解

決のために政治的リーダーシップが必要か，という質問に回答を求めていた．スウェーデンや英国，ドイツなどの環境意識がきわめて高い国では，回答者の70パーセントが，気候変動の主な原因は人間であると答えた．「スウェーデン人は非常に環境意識が高い」ため例外であり，世界の趨勢ではないという声をしばしば耳にする．しかし，この調査では，なんと中国，インド，ブラジルの方がスウェーデンよりも高い数字を示したのである．

　このような調査の解釈には注意が必要である．しかし，この結果は，市民のもつ環境意識や政治的解決策を求める意思と，一時的なメディアの盛り上がりや今日の弱い政治的リーダーシップとの間に，大きなギャップがあることを示している．ニューヨークでのデモ行進と合わせて，この調査結果は，政治のリーダーが行動を起こすべきであるとする市民からの明確なメッセージとなった．

　2015年12月，パリでのCOP21に世界の首脳が再び集まる．今回は，コペンハーゲンでの失敗を修正し，世界的に拘束力のある新しい協定に合意することを期待したい．しかし，政府の首脳が地球の危機に対する解決策を宣言するのを待っている必要はない．ニューヨークでのデモ行進のように，この本に書かれた情報を利用して，読者自身が周囲の人たちと連携してほしい．家族や社会，ビジネスや国の豊かな将来を願う気持ちがあれば，この本の知識を活用して，私たちは皆，地球上において，人間と自然が調和する新たな関係を再構築するプロセスに参加できるのだ．

　それがマティアスと私の願いだ．

重大な
10 のメッセージ

1.
目を開こう

　さまざまな危機的な数字に圧倒される．地球は，かつてない環境への圧力にさらされている．あまりに多くの森林が伐採されている．海では，魚の乱獲が進んでいる．あまりに多くの生物種が絶滅している．温室効果ガスの排出や海洋酸性化，化学物質による汚染など，人間はあらゆる方向から地球に圧力をかけている．すべての状況は，未来を危うくする段階にまでに達している．歴史上初めて，地球は追い詰められている．

ボルネオの狩猟民テバランは，森林伐採による熱帯雨林の破壊が原住民の未来を難しいものにすると恐れている．森林破壊は，生物多様性と地球の気候の両方に影響を与える．

2.
危機は地球規模で差し迫っている

　状況は急激に悪化している．わずか二世代の間に，人類の活動は世界を安定して支え続ける地球の能力を超えてしまった．私たちは，もはや「大きな地球の小さな世界」にではなく，「小さな地球の大きな世界」に生きている．地球は，世界経済に対して，環境ショックをもって応えている．大きな転換点にさしかかっている．私たちの住む地球は変わりつつあり，その未来は私たちのこれからの行動にかかっている．

香港のこのような建設プロジェクトは，経済成長と人口拡大の一面を示している．2030年までに必要となる都市の三分の二の開発はこれから行われる．

3.
すべては密接につながっている

　世界では，一見関係のない出来事が，原因と結果の一つの連鎖の中で結び付いている．いまや，自然や政治そして経済は互いにつながっている．北欧のストックホルムで市民がどう通勤するかが，中米のエクアドルの農夫に影響を与える．生活の複雑な連鎖が完全につながって地球上の生態系すべてに関連する．そのような連鎖のすべてが問題となる．

北極圏の島，スバールバル諸島の上空にかかるオーロラ．北極圏の氷の白い表面は，太陽光を宇宙に反射することによって，地球の冷却に役立っている．

4.
予期せぬことが起こる

　地球が変化すると，予期しないことが起こる．地球の環境変化を引き起こしている力は複雑であり，突然の予期しない問題を引き起こす可能性が高い．過去においては，政治的なものから生態系的なものまで，私たちが依存する大きなシステムは安定的で予見可能なものだった．システムの変化はまだ小規模だが，将来はほぼ確実にそれが常態となる．予期しないことが，新たな日常となるのだ．

　ルワンダのニュングエ出身の少年ロバートは，生態系の保全と人類の進歩が同じように重要な時代に生きることになる．

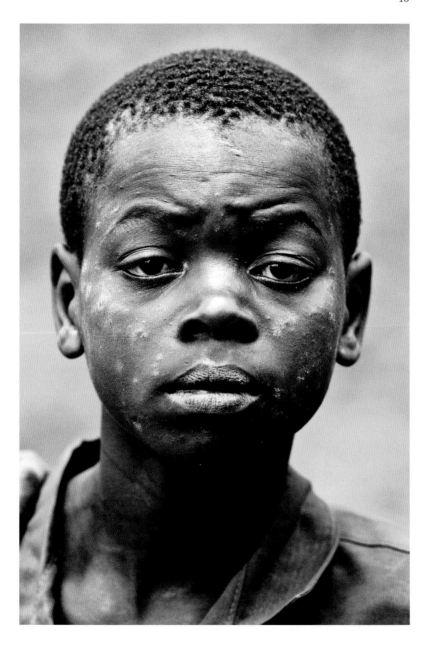

5. プラネタリー・バウンダリーを尊重する

　多くの科学者が警告するように，地球の基本的な諸プロセスにおいて，破局をもたらす転換点に達しないようにすることが最も重要である．幸いなことに，私たちは，壊滅的な状況につながりかねないプラネタリー・バウンダリー（地球の限界）に関する知識とデータをもっている．これらの限界に配慮すれば，未来の無限の発展に向けて安全な道筋をたどることができる．

タンザニアのセルース動物保護区の豊かな生物多様性は，地球システムの安定に必要な自然の回復力を保つうえできわめて重要である．

6.
発想をグローバルに転換する

　産業革命以来，私たちは自然に対して何をしても問題は生じないと愚かにも考え，自然を気ままに扱ってきた．しかし，いまでは，営農者なら誰でも考える通り，そんなことはあり得ない．生計と自然は相互依存しており，いずれか一つを選ぶということではない．だから，人間と自然，社会と生物圏，そして人間世界と地球の関係を再構築するための発想の転換が必要なのだ．

カメルーンに生息するジェイムソン・マンバ（コブラの一種）の毒は，新たな心臓病治療薬の開発に役立っている．

7.
地球の残された美しさを保全する

　私たちは，愛する世界を当然のものとして享受しながら，一方で，非常に早いスピードでそれを破壊している．大平原の暁光，清流に泳ぐ魚のきらめき，森の空を飛ぶ鷹の鳴き声といった美しさが失われたとき，誰もが喪失感を覚えるだろう．いまこそ，地球の美しさを支える残された自然システムのために立ち上がるときである．自然の美しさのためだけではなく，むしろ人類の繁栄を守るために．

マレーシアのダヌム渓谷保護地域のフタバガキの木にからむツル植物．熱帯雨林は，膨大な数の生態系サービスを人類に提供している．

8.
私たちは状況を変えることができる

　私たちは，知識や創造性，技術的なノウハウをもっており，悪化しつつある状況を反転できる．森林破壊をせずに，90億の人々に食料を供給することができる．化石燃料を燃やさずに，経済を動かすことができる．繁栄のための唯一の方法は，環境負荷のないグリーンな経済成長なのだ．これは負担や犠牲を強いるものではなく，世界の未来への投資である．従来のやり方は，もはや選択肢とはなり得ない．

人間社会と生物圏の関係をつなぎ直すことは，将来の機会を増やすための鍵である．

9.
技術革新を解き放つ

　人類は，最も困難な問題さえも乗り越える素晴らしい能力をもっている．現状の延長線にある危険を理解すれば，創造的で利益をもたらす代替案を見つけることができる．技術革新はそのように働く．「プラネタリー・バウンダリー」の考え方が，そこで役立つ．資源や生態系，気候の閾値と最大利用可能量を明確にすることで，人類の繁栄と地球の安定に必要なさまざまな発想と解決策に基づき，持続可能な技術革新の新しい波を起こすことができる．

この独創的な高潮用堤防は，ロッテルダム港を洪水から守るために建設された．プラネタリー・バウンダリーの範囲内で技術革新が起きれば，人類は豊かに発展できる．

10.
大事なことを最初にする

　現実的に考えよう．持続可能な世界へ発想を転換するには一世代は必要であり，私たちはすでに出遅れている．あと 30 年経つと，もう手遅れになる．そこで，両面作戦を提案する．短期的には，気候変動や窒素・リンの過剰問題，生物多様性の損失といった最も緊急な問題に取り組む．そして，長期的には，私たちが自然との関係を再構築するために必要なことをすべて行う．地球以上に価値のあるものはない．私たちの世界はひとえに地球に依存しているのだ．

　ライ麦の畑は，すべての人に十分な食べものが行き渡るという理想を想起させる．急増する世界人口に対してこれを実現するには，農業における新たな革命が必要である．

第一部
偉大なる挑戦

　最近，イケア・グループで持続可能性のための技術革新の責任者を務める
ハカン・ノルドクビストの講演を聴いた．彼は，ストックホルム・グラン
ド・ホテルの華麗なウィンター・ガーデンのステージ上で，パネル・ディス
カッションに参加していた．ビジネス・リーダーや政策決定者，専門家など
150名の聴衆に向けて，持続可能性とビジネスに関する考えを話していた．

　彼によると，現在，イケアは自社のエネルギー供給を再生可能エネルギー
へ切り替えようと真剣に取り組んでいる．イケアは約140の発電用の風車を
もち，世界中の自社ビルに55万枚以上の太陽光パネルを設置している．競
争力を高めつつ，2020年までに，自社が消費するエネルギーよりも多くの
再生可能エネルギーを生み出し，グローバルな持続可能性に貢献しようと計
画している．

　イケアの取締役会での議論について，ノルドクビストの話したことが興味
深かった．同社の財務部門は，再生可能エネルギーへの投資は経済的合理性
がないとして反対した．太陽光や風力への投資は高くつくと指摘したのだ．
しかし，イケアの創業者イングヴァル・カンプラードは，それでも実施すべ
きと主張した．理由を聞かれると，彼は「それが正しいことだからだ」と明
確に答えたという．

　このことは企業の持続可能性への取り組みに大きな変化が起こりつつある
ことを示しており，私の心に響いた．10年前には，多くの企業が持続可能
性を副次的なこと，つまり，中核となるビジネスとは関係のない企業の社会
的責任（CSR）の一環だとして片付けていた．しかし今日，企業は持続可能
性を中核的なビジネス戦略に組み込みつつある．気候変動や生態系に関する
問題は，もはや環境問題を担当する役員だけが扱うべき分野ではなく，役員
会全体で議論すべきこととなった．資源効率や循環型ビジネス・モデル，低

炭素バリュー・チェーン，環境会計などは，単に利益を生むためだけでなく，長期的に持続する企業を作る企業戦略の重要事項となった．

変革者たちも現れている．プーマのヨッヘン・ザイツとヴァージン・グループのリチャード・ブランソンが始めた非営利の取り組みである「Bチーム」は，持続可能性のための業界横断的な協働を促進している．それに参加するユニリーバ，ロイヤルDSM，ウォルマートは，食品業界における持続可能なバリュー・チェーンの先駆けとなっている．BP会長のカール=ヘンリク・スバンベリは，石油会社がただで大気を汚染できるのは理にかなっていないとして，世界的な炭素価格制度の導入を支持している．ゼネラル・エレクトリック（GE）は，2005年以来，自らの事業で使うエネルギーと水の使用を削減して3億米ドルを節約し，費用と環境への影響を軽減する技術的ソリューションにより1600億米ドル以上の収入を得ているという．

変化に対応できない競合他社に対して，持続可能性によって競争上の優位を得られると考える企業がますます増えている．エコノミスト誌（*The Economist*）が石油の未来に関する最近の特集で指摘したように，地球の天然資源を可能な限り搾取し，地球を汚染する従来の戦略はもはや成り立たない．同誌は，化石燃料へ投資を続ける産業は滅びる運命にあると主張する．その主な理由は環境ではない．枯渇が進む不安定で危険な化石燃料類に比べ，クリーン・エネルギーはますます供給が増え，価格も安く，企業にとって魅力的だからである．

予兆はすでに現れている．第一部の各章で詳述する通り，人類の生存そのものが，自然資源やエネルギーの利用方法，公害，公正さ，そして持続可能性などについて，私たちの考え方を根本的に変えられるか否かにかかっている．人口増加や気候変動，生態系の劣化が深刻化し，地球環境が突然変化する可能性が高まるにつれ，未来への安全な道のりこそが利益につながると気づくビジネス・リーダーが増えている．

世界経済フォーラムの期間中，雪で覆われたスイスのダボスの街を歩いてみると，テスラの電気自動車，フォルクスワーゲンのE-Up，アウディのE-tron，太陽光発電技術，軽量炭素材料など，さまざまな企業の持続可能性に向けた技術革新を目にすることができる．今日，企業が本当に成功を求めるならば，ガソリンを大量に使う車「ハマー」のような製品ではなく，最も効

率が高くクリーンでクールな製品を，誇りをもって売り出すであろう．

　なぜなら，それは「正しい」ことだから．

第1章
新たな苦難の時代

　私たちが知る今日の世界の状況は，比較的新しいものである．45億年の地球の歴史を振り返ると，その大半において，諸条件はいまよりはるかに生存に適さないものだった．実は，人類社会の発展に必要な諸要素が安定的に存在したのは，最近の1万年だけである．それ以前は，地球はホラー映画のように恐ろしい状況だった．

　たとえば，最初の人類の祖先が約250万年前にアフリカに初めて現れたころ，地球は厳しい氷河期と緑豊かな温暖期の間をいったりきたりしていた．そのような中で，私たちの祖先は何度も危機的状況に直面した．約16万年前に，現生人類が地球上で歩みを始めたころでさえ，その生存はまだ確実なものではなかった．世界の気候は，「氷床の膨張や水不足，海面低下，食料不足などが顕著な寒冷期」と，「豊富な水や海面上昇，緑豊かなバイオマス資源がある温暖期」の間を変動していた．このような変動は，地球気温の変化幅にすれば5℃以下で，地質学的な観点からは特別なものではなかった．しかし，人間の生存にはきわめて大きな影響があった．

　当時，狩猟者や採集者として生きていた人類の数は，まだ比較的少なく，数百万から数千万の間で増減していた．気候変動が極端で，食料と棲み処を見つけるのが難しかった時期には，人類はアフリカの肥沃なサバンナから出ることはなかった．DNA分析によれば，約7万5000年前の危機的な寒冷期に，人類は繁殖可能な大人の数で1万5000人まで減少し，エチオピア北部の高原だけで生存していた．これは深刻な危機であった．私たち人類が，これほど絶滅に近づいたことはない．生き残ったグループは，新たな食料源

　マレーシアのサラワク州，バンダン川地域の熱帯雨林の喪失は，森林から送られてくる水蒸気に影響を及ぼし，地域の降雨パターンを変える可能性がある．

を求めて，紅海の海岸沿いに旅に出た．そのころ，大量の水が極地の氷床になっていたため，紅海の海面はいまより100メートルほど低かった．このグループは，乾燥して荒れた環境であったアラビア半島南部を歩き，その後，沿岸に沿ってインドに向かって移動し，約4万年後には最終的に豪州大陸と欧州に広がった．

　人類を半遊牧民的な生活様式に封じ込めていたのは，規模的にも時間的にも厳しい気候変動であった．当時，気候変動は突然起こった．過去10万年間に起きた気候変動は，ほんの数十年の期間に起こったということが，グリーンランドの氷床深くから掘削した氷床コアの分析から明らかになっている．たとえば，約1万1500年前，グリーンランドの気温は，わずか40年の間に5〜10℃も急上昇した．

　しかし，1万1700年ほど前からは荒れた気候は次第に収まり，最終氷期が去った．地球は，調和的な自然状況を特徴とする「完新世 (Holocene)」とよばれる現在の間氷期になった．人類は，文字どおり，寒冷な状況から，きわめて安定的で温暖な環境に入った．260万年前の更新世に経験したことに比べれば，人類は現在，変動の少ない安定した気候を享受している．人類は，北半球と南半球の両方で，平均気温がわずか1℃しか上下しない非常に変動の小さな安定した気候に，急速に順応してきたのだ．

　その影響はすぐに現れた．完新世に入るとすぐに，世界の四つの地域において，独立した狩猟生活者と採集生活者の集団がおおむね同時期に農業を編み出した．暖かく，湿気があり，予測し得る環境は，確かに人類に合っていた．その後1000年から2000年の内に，多くの地域で遊牧や採集との折衷から定住農業へと生活が変化し，それが後に現代社会へ発展する鍵となった．農業によって，分業や技術発展，規則と規範，そして多くの人々に食料を供給する能力が劇的に伸びることが可能になった．

　歴史的に初期の先進的な文明が現れたのは，この時期である．すなわち，中国黄河流域の龍山新石器時代の農耕文明，ナイル川沿いの古代エジプト灌漑社会，チグリス・ユーフラテス川沿いのメソポタミア灌漑社会，ギリシャおよびローマ帝国，アフリカや中央アジアの大部分をカバーしたイスラム文明，中米におけるマヤ文明の農耕社会である．これらの農耕文明は，それぞれ独自に社会を発展させた．文明は中世を通じて進化し，封建的な商人社会

の展開から，後期ルネッサンス期の近代科学の台頭に結び付き，そして最終的には国民国家の誕生へと発展した．世界の人口は1800年までに10億人に達し，20世紀半ばまでには30億人にまで増えた．

要するに，完新世の始まりは，地球上に人類のための究極的なショッピング・モールが建ったようなものだった．森林やサバンナ，サンゴ礁，草原，魚，哺乳類，細菌，大気，氷床，温度，利用可能な淡水，肥沃な土壌などの安定した均衡状態が現出した．人類は突然，これらが提供してくれる製品とサービスの信頼できる供給源を得たのだ．この話で重要なのは，それが劇的であると同時に単純な事実だという点だ．つまり，「私たちの繁栄と幸福は，依然として完新世に依存している．完新世は，人類の文明にとってのエデンの園である．実際，それは現代社会と70億以上の世界人口を支えることができる，地球の唯一の状態である」という事実なのだ．

それゆえに，今日，私たちがしていることは，人類の歴史上で最も恐ろしい出来事であるといえる．私たちは地球を，完新世から新たな未知の領域に変えようとしているのだから．

人新世にようこそ

ほんの半世紀足らずの間に，工業と農業の急速な拡大が世界を脅かすようになった．1950年代半ばに人類の活動が大きく加速して以来，気候変動や化学物質汚染，大気汚染，土地や水の劣化，富栄養化，生物の種や生息域の大規模な損失など，人類による環境への影響は地球の主な生態系のほとんどすべてに圧力を加えている．実際，私たち人間（古代ギリシア語で「Anthropos」）は，地球を変化させる最も大きな原因になった．火山噴火や地殻変動，あるいは浸食よりもはるかに大きく，地質学的な規模ともいえるほどの影響力を地球に及ぼしているのだ．私たちは，勝手気ままな振る舞いで，新たな地質時代である「人新世（Anthropocene）」をもたらしてしまったのだ．

この傾向は，新しくて安く，利用しやすいエネルギー源である化石燃料を使うようになった18世紀半ばの産業革命とともに始まった．産業革命は，社会的・経済的発展を妨げていた当時の多くの制約を打ち破った．いまや私たちは，地形をたちどころに変え，かつてないやり方で土地を開発すること

32   第1章 新たな苦難の時代

ができる．大気中の窒素を肥料に変換するという化石燃料エネルギー・シス
テムでのみ可能な産業プロセスを開発し，農作物生産の基本的な制約を打破
した．また，医学の進歩とともに衛生システムが改善され，健康的で良好な
都市環境がもたらされた．平均寿命が延び，福祉が向上した結果，世界の人
口は急速に増えた．

　化石燃料を使ってモノを大量生産するシステムが登場した．化石燃料利用
の急速な拡大が，大気中の二酸化炭素濃度をゆっくりと上昇させ，二酸化炭
素濃度は 20 世紀初頭までに，完新世が始まって以来，最高レベルに達した．
人類は，すでにそのころ，かつての世界に別れを告げつつあった．

　しかし，人類の影響が危険な段階に達したのは，「人類活動の巨大な加速
(Great Acceleration)」といわれる 1950 年代半ば以降になってからである．
そのころは，1955 年時点で約 30 億人と地球上の人口はまだ比較的少なく，
環境問題は社会的・経済的な問題とは別であると誤解されていた．しかしま
もなく，人口の増加と持続可能でない生活様式により環境への圧力がますま
す高まった．化石燃料の使用による大気中の二酸化炭素濃度，農業や工業に
よる土壌中の窒素濃度，家畜による空気中のメタン濃度，南極のオゾン層破
壊，地表温度の上昇，洪水その他の極端な気象災害，消えていく漁業資源，
養殖による沿岸生態系の崩壊，沿岸水域の窒素汚染，熱帯雨林の喪失，農耕
地に転換される野生動物の生息地，さらには減少し続ける生物多様性など，
どの指標を見ても，好ましくない方向への急激な変化が顕著になった（図
1.1 参照）．

　今日，これらの圧力はかつてないレベルに達し，地球環境へ影響を及ぼす
「四重の圧力」となっている（図 1.4 参照）．第一の圧力は，ますます増大す
る人口と人々の豊かさの追求から生じている．主としてまだ貧しいアジア，
中南米，アフリカの途上国で人口増加が続き，2050 年までに世界人口は 90
億人に達すると予測されている．また，経済協力開発機構（OECD）の最新
調査によれば，世界経済の規模は 2050 年までにほぼ 3 倍になる見込みであ
る．この経済成長を支えるのは貧しい途上国であり，その経済規模は 5 倍に
拡大すると推定される．私たちはまもなく，15 億人ではなく，40 億，50
億，あるいは 60 億人の中産階級を擁する世界に生きることになる．現代史
上で初めて，絶対的貧困のない世界が想定されるようになっているのだ．

すべての人々が豊かな生活を享受できることは本来素晴らしいことであるが，一方で，このことは人類の経済発展の見通しを完全に変えることになる．先進国やその産業は，世界で最も豊かな約20パーセントの人々のために，すでに多くの資源を使ってしまった．いまや，これまで自然資源を使ってこなかった残り80パーセントの人々が，彼らの取り分を要求している．この80パーセントの人々が，豊かな20パーセントの人々と同じ持続不可能な生活様式，つまり，環境への知識や責任，関心が欠如し今日の問題をもたらしたのと同じ社会的・経済的なパラダイムを求めている．それが問題なのだ．

この問題について，世界のリーダーは見て見ぬふりをする傾向がある．皆が経済成長を遂げる機会を得たまさにそのときに，これまでの宴は終わったと告げるのは，明らかに彼らには耐えがたいことだろう．私たちは，持続不可能な成長の形をこれ以上は支えられない地球の生物物理学的な限界に達してしまったのだ．

そこで，地球の生命維持システムの限界内で経済が発展する方法について根本的に考え直すことが必要になる．人類すべてのための社会的・経済的発展は，ただ安全というだけでなく，地球に残された生態系空間を，現在と未来のすべての人々の間で，公平かつ正義にかなう方法で分配するという原則に基づかなければならない．これは，人々の豊かさへのニーズと願望を満足させる一方で，プラネタリー・バウンダリーを超えずに未来を確保するという，これまで見過ごされてきたがきわめて重要な対立命題なのである．

第二の圧力は，気候変動に起因する．1960年以降，世界の二酸化炭素排出量は，年間約40億トンから約90億トンに跳ね上がった．これは非常に急速な伸びであり，とくに直近15年間に最も増加している．この期間は，各国政府が二酸化炭素排出削減に歴史上初めて同意した時期と重なるため，逆説的でもある．その間に大気中の二酸化炭素濃度は，産業革命前のレベルの280 ppmから，2014年には気候変動リスクの上限と広く認識されている400 ppmに上昇した．すべての温室効果ガスを合わせると，二酸化炭素換算濃度で約450 ppmとなり，少なくとも過去80万年で最も高くなっている．

気候システムは複雑なため，この温室効果ガスの排出量の増加がもたらす

34 第1章 新たな苦難の時代

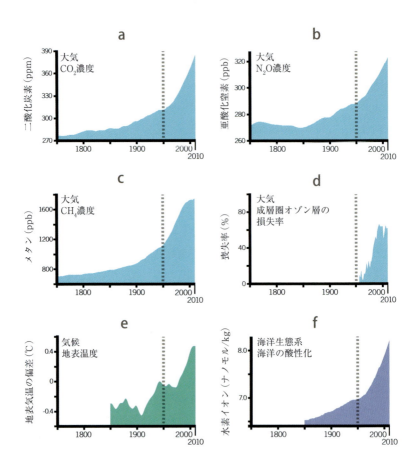

図1.1 加速する人類の地球環境への圧力 1950年代半ばから，現代経済の基盤となるすべての環境プロセスの変化が，地球規模で急速に増大した．その変化のすべては人間の活動が引き起こしたものである．

これらのグラフは，以下のプロセスにおける変化の加速を示す：(a)二酸化炭素（CO_2）の大気中濃度，(b)農業や化石燃料の燃焼による亜酸化窒素（N_2O）の大気中濃度，(c)畜産システムの拡大によるメタン（CH_4）の大気中濃度，(d)オゾン層破壊物質によるオゾン層の損失率，(e)北半球の平均気温の異常，(f)海洋酸

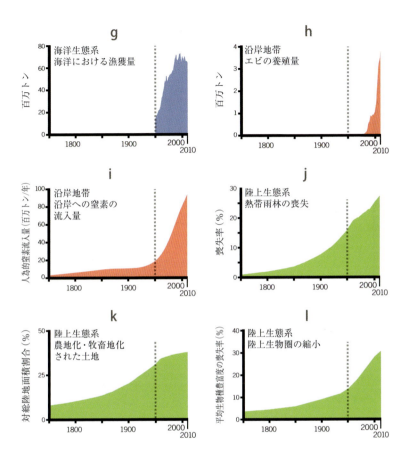

性化の進行，(g)限度まで漁獲されたか，過剰に漁獲されたか，獲られすぎて崩壊した漁業の割合，(h)沿岸地域の開発の代替指標としての年間のエビの養殖量，(i)沿岸域の窒素汚染，(j)熱帯アフリカ，中南米，および南・東南アジアにおける熱帯雨林と森林地域の喪失，(k)牧草地および農地に転換された土地の割合，(l)地球上の種の推定絶滅率．
(上記の略号は以下の通り：ppm：百万分の1，ppb：10億分の1，ナノモル／kg：kgあたり10億分の1モル量)

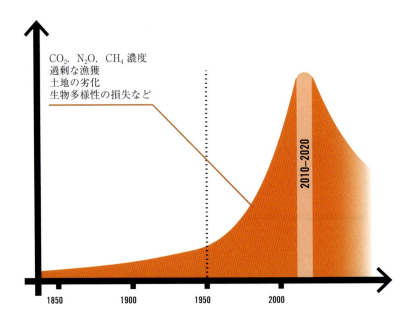

図1.2 急激な環境への影響 世界では，1950年代半ばに「人類活動の巨大な加速」が始まった．当時，世界人口は約30億人で，そのうち地球環境に多大な悪影響を与える生活様式の人口は4億人未満だった．同時に，産業の成長は複数の環境プロセスに影響を及ぼし，環境への負の圧力の急激な増加をもたらした．今日，私たちは，地球環境へ圧力をかけ続け，圧力は頂点に達している．飽和点に達していることを示す科学的な証拠がますます増えている．地球が対応可能な限界に達し，壊滅的な変化の発生リスクが高まっている．地球環境の有害な変化の流れを反転させることが喫緊の課題である．世界が成長し繁栄するための「完新世」のような安定した状態を確保するためには，大半の環境プロセスにおいて，この反転を今後10年の間に起こす必要がある．

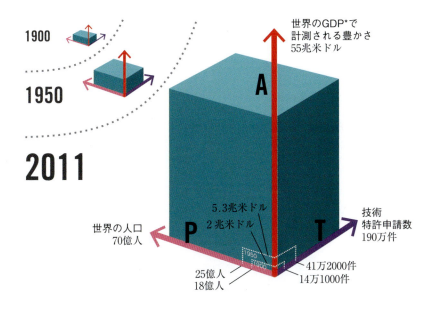

図 1.3　**豊かさの影響**　地球に対する人間社会の圧力の指標として三つの次元がよく使われる：人口（Population），豊かさ（Affluence），そして技術レベル（Technology）．IPAT といわれる一般的に使用されている定式によれば，人間の環境への影響（Impact）は P, A, および T の複合効果の結果となる．豊かさの尺度として GDP，技術レベルの尺度として特許数を使うと，この図（『ナショナル・ジオグラフィック（*National Geographic*）』2011 年 3 月号より）は，人類の地球への圧力の増大を示す．1900 年まで，人類による圧力は，最も小さい箱の中に入っていた．1900 年から 1950 年の間，累積的な圧力は漸進的にしか増加しなかった．1950 年以降，世界は「爆発」し，人類による累積的な圧力は最大の箱の全容積に匹敵するレベルになった．しかし，重要なのはサイズだけではない．「人類活動の巨大な加速」前の時期，人類の地球への圧力には，人口増加が大きく寄与しており，技術と経済成長はそれほど重要ではなかった．1950 年代以降は，圧力の主な要因は豊かさとなった．その富を使って「モノ」を買うことで，いま，環境への悪影響が生じ，地球への大きな影響が起こった．私たちは，それを阻止し反転しなければならない．

＊GDP（国内総生産）とは，ある国で 1 年間に生産された財とサービスの合計価値である．

38　第1章　新たな苦難の時代

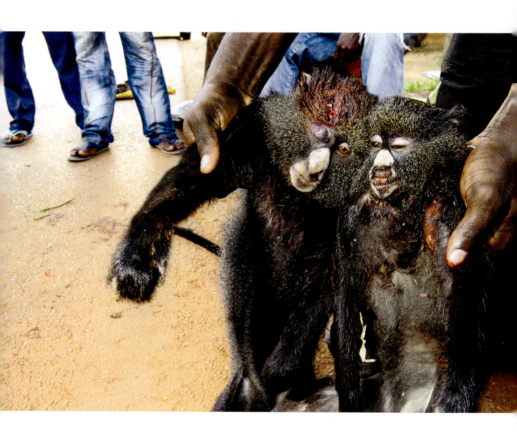

カメルーンの道路沿いで，オオハナジログエノン（樹上で暮らすサル）のつがいを，密猟者が野生の肉（ブッシュ・ミート）として販売している．

変動を正確に予測することは不可能である。しかし，科学者たちの共通の理解では，二酸化炭素濃度が560 ppm（産業革命前の濃度の2倍）まで上昇すると，地球の平均気温は約3℃上昇する。残念ながら，気候変動に関する政府間パネル（IPCC）の第5次評価報告書（AR5）によると，私たちはこの危険な状況さえも超えて2100年までに気温が4℃上昇する道を歩みつつある。これは，温室効果ガス排出量が世界的に増加の趨勢にあることと，気候変動に関する国際交渉が進展しないことによる。この道は，人類にとって破滅以外の何ものでもない。

　世界はすでに気温上昇の影響を感じ始めている。実際，その兆候は私たちの周りにあふれている。北極海の夏の海氷が急速に失われ，世界中の山岳氷河が後退している。グリーンランドと西南極の氷床の融解が加速し，海面上昇が拡大している。そして，サンゴ礁の白化と死滅が増えている。ここ数年間，異常な気象事象が頻繁に発生しており，その多くは気候変動によって増幅されている可能性が高い。豪州では，12年間にわたる干ばつの後，2010年に過去50年で最大の洪水が発生した。ダムの氾濫や農業収量の激減によって，豪州の国内総生産（GDP）は大幅に減少し，世界の食料の市場価格に大きな影響を与えた。前例のない洪水がパキスタンやインド，アフガニスタンを襲う一方で，西アフリカや東アフリカの一部では，干ばつが社会の崩壊を引き起こした。米国では，異常な熱波や干ばつ，洪水から竜巻や，森林火災，冬の大雪まで，気候関連の災害がいままでで最も多い14件も発生し，10億米ドル以上の損害が生じた。降雨パターンが変化すると，干ばつや森林火災，暴風雨，洪水，さらには病虫害の発生頻度や規模，継続期間に大きな影響が生じ，さまざまな地域に深刻な被害が起こる。それは，食料生産や貿易，経済成長，ひいては社会の安定に影響を及ぼす。

　世界的に進行している第三の大きな圧力は，地球の生物圏，すなわち，すべての人間社会が依存する海洋や淡水，陸上の生態系が，異常に速いペースで蝕まれていることである。過去50年の間に，私たちは生態系の機能とサービスをかつてない速さで破壊した。魚の資源量は失われ，養殖場が沿岸生態系を破壊し，沿岸水域は窒素とリンで汚染された。熱帯雨林が失われ，野生生物の生息地は農耕地に転換され，生物多様性が劇的に減少した。私たちは，地球を最も脆弱な状態に追い込んでしまった。

40　第1章　新たな苦難の時代

四重の圧力

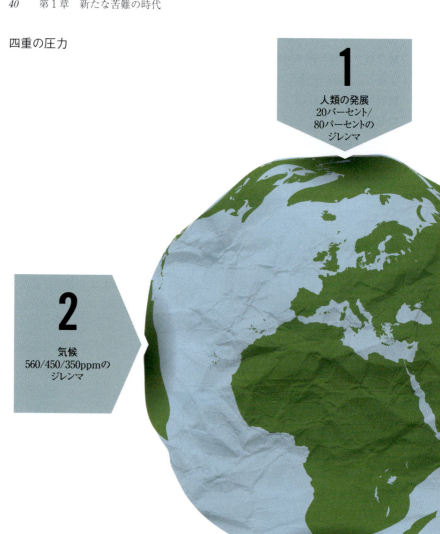

図 1.4　四重の圧力　長期的に持続可能な発展を確保する人類の能力は，以下の地球への四つの圧力によって弱められている．(1) 人口増加と豊かさ，(2) 気候変動，(3) 生態系の劣化，そして (4) 生態系の閾値を超えたさいに生じる突然の変化や予期しない出来事によって，人類の発展のための地球の機能空間が減少するリスク．

第一の圧力は，人口的な圧力によって生じるが，そこで重要なのは人々の豊かさである．従来の環境問題の大半は，世界人口の約 20 パーセントにあたる少数の豊かな層によって引き起こされた．しかし，残りの 80 パーセントの人も発展を求める権利をもっているのだ．

第二の圧力は，科学的には大きなリスクを避けるために 400 ppm を超えてはならないといわれているにもかかわらず，温室効果ガス濃度が，CO_2 eq でほぼ 450 ppm に達し，さらに産業革命時の倍にあたる 560 ppm に向かって急速に増大していることによる．

第三の圧力は，人類が自らの厚生を支えるために主な生態系サービスの 60 パーセントをすでに損ない，地球の回復力を急速に弱めていることである．

第四の圧力は，人類が発展するための安全な領域の縮小による．突然の変化は生態系ではよくあることであり，これに対処する方法は，生態系に冗長性と緩衝性を築くことだと認識する必要がある．

---

ppm（百万分の 1）は，大気中の温室効果ガスの濃度の尺度．

CO_2 eq（二酸化炭素換算）は，炭素の影響（フットプリント）を測定するための標準単位．この考え方は，それぞれの異なる温室効果ガスの影響を，同じ大きさの温暖化をもたらす二酸化炭素の量で表すことである．温室効果ガスには，二酸化炭素（CO_2）以外に，メタン（CH_4），亜酸化窒素（N_2O），オゾン（O_3），フロン（CFCs）が含まれる．

3

生態系
60 パーセントの
損失ジレンマ

44　第1章　新たな苦難の時代

　第四の圧力は，人類が問題を回避し得る余地に対するものであり，自然生態系の予想を超えた突然の変化は例外的なものではなく，むしろ原則的なものであるという，最近の知見と関連している．政治システムや経済パラダイム，そして資源の使用方法など，いまの私たちの自然との関係全般は，地球環境が在庫の豊富なショッピング・モールのように機能しており，私たちが消費するにつれて商品やサービスは直線的に少しずつなくなっていくという想定のうえに構築されていた．しかし，いまや私たちは，そうはならないと知っている．自然界にあるものを使いすぎると，店頭の商品のように自動的に補充されることはない．自然はそのようには機能しないのである．

　自然の回復力や複雑なシステムに関する過去30年の研究によって，真実はその反対であるとする多くの証拠が示されてきた．非常に長い時間をかけて漸進的な変化を示すシステムであっても，連続的で緩慢な段階的変化ではなく，広範にしばしば不可逆的な形で，突発的に変化し得るのだ．水生生態系の研究者スティーブ・カーペンターは「生態系システムの変化の99パーセントは，システムに影響する1パーセントの出来事の結果として起きる可能性がある」と指摘している．

　自然が予期しない方向に変動し，ある状態から別の状態へ大きく，しばしば不可逆的に移行するリスクがあるという認識は，私たちと地球の関係を根本的に変える．生物物理学的システムの安定性，ひいては人類の発展を支える地球の能力を保全するために，生態学的な回復力，つまり，予期しない不都合な事態を避けるための自然の能力の強化に投資しなければならない．そのためには，生態系，生物圏，そして地球システム全体における多様性や冗長性への投資が必要となる．予期しない衝撃の負荷を和らげるために，生態系の緩衝材が必要なのだ．

　以上の四つが，人類の未来への選択肢を制限する主な圧力である．どうしてこのような状況に至ったかを理解するのは難しくない．人口増加や気候変動，生態系の劣化などの急激な変化は，私たちがかつてない社会的な便益を得たことのコインの裏側である．環境悪化の曲線は，人類の豊かさの増加と

　前ページ：アラブ首長国連邦・ドバイの様子は，人口増加と豊かさを求める圧力に対応する鍵である持続可能な都市開発に向けての挑戦の一例である．

相関している. 絶対的貧困率は依然として高く, 約10億の人々を苦しめているという現実はあるものの, より多くの人々が近代以来かつてないほど豊かになった. 今日私たちは, 50年前に比べて, その間の人口増加率を上回る1.5倍の量の主食を生産し, ほぼ4倍のエネルギーを使っている. 大半の国で平均余命が65歳を超え, 女性の出生数が平均2人に近づくなど, 人類の福祉状態は大きく改善したのだ.

社会的便益の面では, この状況は価値あるものといえるかもしれない. 地球環境の劣化は, 70億人が住む世界で富を生むために支払うべき対価にすぎない, という人もいるだろう. しかし残念ながら, このような主張は, いまや正しいといえず, これまでも決してそうではなかった. 社会が幸福であるための本当の基盤は, 地球環境の過度の搾取ではなく, 持続可能性を維持することなのだ.

すべてが互いにつながっている

世界は, 社会的・経済的にだけではなく, 生態学的にもますます複雑化し, 不安定化し, グローバル化している. 地球の一角で私たちが何かを行うと, 即座に地球のほかの地域の人々の生活環境に影響する. スウェーデンでの通勤方法が, アフリカ南部の小規模農家の生活を左右する降雨パターンに影響を及ぼし, タイの漁民のマングローブ林の管理方法が, 英国の気象パターンに影響する. 現代の経済は, 社会的・生態学的に地球規模でつながっているのだ.

したがって, グローバルな発展を促進するためには, ローカルに行動するだけではもはや十分ではない. また, ローカルな発展を促進するためには, グローバルに行動することも必要だ. ガラパゴス諸島や西パプアのサンゴ礁, さらには北極などで, いかに素晴らしい環境政策が実施されても, それらの継続的な成功は, ほかの国々や地域, 経済部門における取り組み次第だ. 環境保護は, 地球に対するスチュワードシップ（責任ある管理）と結び付いた場合にのみ成功するのである.

ボルネオの森林喪失がもたらす予期できない影響を考えてみよう. 過去20年間に, インドネシアとマレーシアのパーム油栽培地域はおよそ3倍に拡大し, 森林伐採や大豆栽培, ボーキサイトの採掘, 牧畜などとあいまっ

ボールとカップの図：
社会―生態系システムにおける回復力の説明

1. **望ましい回復力の状態** 農業地域，都市域，サンゴ礁など，社会と生態系から構成されるシステムは，干ばつや金融危機のようなショックを受け止める能力をもっている．この図では，まだ「踏みとどまっている」状態にある．システムの回復力を表すくぼみが深ければ深いほど，ボールが表すシステムは，突然のショックを受けた後でも，望ましい状態にとどまる可能性が大きい．すなわち，回復力の高いシステムは，望ましい状態にとどまる可能性が高い．変化する諸条件に適応する能力が高いからだ．

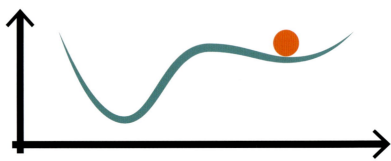

2. **回復力の緩やかな喪失** 家計，経済，森林，または極地の生態系などのシステムは，持続可能な方法で管理されないと，突然の変化や圧力に対処する能力を徐々に失う．回復力を損なうプロセスの例としては，負債や過度の財務リスク，信用の喪失，人間社会における社会的セーフティ・ネットへの過度の依存，生物多様性の損失，自然資源の過度な消費，気候変動，富栄養化などがある．

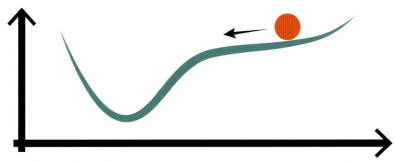

3. **状態の移行** 状態の移行は，病気，干ばつ，洪水などのきっかけや突然の変化が，回復力の弱いシステムに悪影響を与えたときに起こる．システムを望ましい状態に維持するフィードバックの仕組みが，システムを不可逆的に新しい状態にもっていく反対向きのフィードバックに置き換えられてしまう．たとえば，熱帯雨林を自己再生する降雨が，サバンナに特有の自らを乾燥させるフィードバックに置き換えられてしまう．

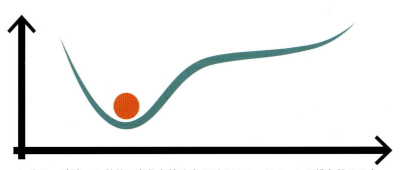

4. **新しい安定した状態** 変化を補強する正のフィードバックが働き始めると，システムは新しい安定状態に固定される．たとえば，気候変動を加速させる正のフィードバックには，融解する永久凍土から放出されるメタンや，氷が解けて地球の太陽光の反射率が低下することなどが含まれる．

図1.5 **生態系の転換点** 生態系の状態変化には，サンゴ礁の生態系が，硬質サンゴの生態系から藻類がはびこる軟質サンゴの生態系に変化する場合など，多くの事例がある．現在，まだ生物多様性の豊かなサンゴ礁は，過剰漁獲，気候変動，農業廃水による富栄養化など，複数の圧力にさらされている．こうしてサンゴ礁は弱まり，白化，病気，またはハリケーンによって，サンゴ礁の生態系は閾値を超え，藻類が繁茂する軟質サンゴ礁系にたやすく変わる．これは実際に，インド洋と太平洋を温暖化させて重大な白化現象を引き起こした1998年のエルニーニョ現象で起こった．カリブ海とインド洋の大部分でサンゴ礁システムの90パーセントが崩壊した．新しい補強的なフィードバックが始まって海藻の急速な繁茂を促すと，多くのサンゴ礁が，軟質サンゴ礁や海藻を主体とする新しい状態に転換した．いくつかの場所では，多様な魚，とくに草食性の魚類が，繁茂してくる海藻を食べつくして硬質サンゴの再生を助け，それによってサンゴ礁が復活し，望ましい硬質サンゴの状態を保つことができた．

生態系のレジームシフト（均衡状態の移行）の具体例

プラネタリー・バウンダリーの超過分野	環境の変化	転換を起こすフィードバック
気候変動	北極の温暖化が限界点を超え，夏期の海氷の融解が加速．	融解は，太陽放射を反射する白い氷に覆われた状態を，より暗い色の水面に変化させる．それにより，入射する太陽放射からの熱の摂取が増加し，氷の融解が自己加速．
窒素やリンの過剰負荷	現代の農法と都市廃棄物の不適切な処理が，淡水システムにおける富栄養化を惹起．	緩衝材となる湖や湿地，河川，地下水の閾値を超えると，富栄養化により繁殖するプランクトンが爆発的に増殖．藻の繁茂や無酸素状態が進行．
土地利用淡水利用	気候変動，土地劣化，水の過剰消費で，熱帯サバンナの土地が乾燥．	温暖化と乾燥が閾値を超えると，樹木，茂み，植物の林冠が水不足で大幅に縮小し，大気への水分還元が急激に喪失．その結果，雨量が減少し，サバンナは自己乾燥の悪循環に陥り，砂漠化した草原に変化．
海洋温暖化海洋酸性化漁獲過剰富栄養化	海洋は，大気が暖まるにつれ熱を吸収．より多くのCO_2を吸収してますます酸性化．富栄養化により，サンゴ礁はエルニーニョ現象などのショックに対処する回復力を喪失．	海洋の漸進的な温度上昇とエルニーニョなどの極端な温暖化事象による硬質サンゴシステムの崩壊．富栄養化と過剰漁獲による生物多様性の損失により，栄養素を好み，硬質サンゴの着床を妨げる軟質サンゴシステムや藻類が繁茂する礁が出現．

生態系サービスと 人類の厚生への影響	以前	以後
地球規模で気候調整機能が影響を受け，隔たった場所でも，農業や疾病の抑制，文化的アイデンティティや生活様式に影響が波及．また，北極海の漁業が影響を受け，産業や人々の生計に被害が発生．		
水質が低下し，その結果，漁業，飲料水，野外でのレクリエーションへ悪影響．経済，人の生計，健康に直接的な被害．		
食料安全保障，人の生計，社会的紛争の可能性に直接に波及．広範囲の畜産，穀物栽培，土壌侵食，地域的な気候調整機能に影響．		
漁業，生物多様性，波による海岸侵食の影響．また，地域における住民の生計，栄養，観光，沿岸インフラに大きな影響．		

地球における過去80万年の生命維持の条件

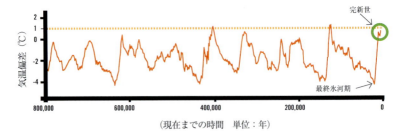

図1.6 **地球がいまより約2℃暖かかった直近の時代** 南極で採取した氷床コアからのデータは，過去80万年にわたって地球が氷期に入ったり出たりした変動を示している．地球が暖かい間氷期にあった直近の時期は，およそ12万年前のエーミアン間氷期だった．数千年にわたり，世界の平均気温は，産業革命以前の平均気温よりも約2℃ほど高かった．海面は現在の海面より4〜8メートル高いレベルで安定していた．これは，地球が温暖化にいかに敏感であるかを示す．

累積的な変化

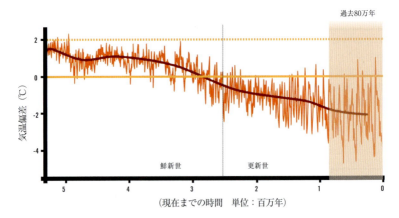

図1.7 **大きな変動があった500万年** 過去200万年の間，地球の気候はより冷たく，より変動的であった．地球の平均温度はこの間ずっと，産業革命前の平均気温を2℃以上上回ったことがない．この2℃の温暖化の前に大きな環境変化が起きるかもしれないが，世界の指導者たちは，2℃の水準は超えないことに合意している．

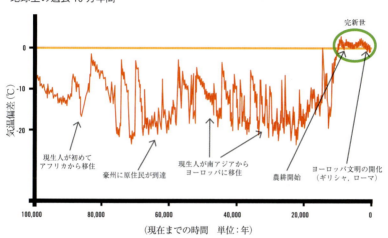

図1.8 人類にやさしい期間 グリーンランドで採取した氷床コアのデータから明らかなように,北半球の温度は過去10万年の間に非常に大きく変動している.この時期,人類は完全に現生人になっていたが,わずか数百万人の狩猟者と採集者だけであった.地球環境がローラーコースターのように変動した後,人類は,きわめて穏やかで予測可能な完新世の時代に入った.この時代が続いた過去1万年の間,人類は,地球の平均気温の変動が上下1℃のみの安定した気候を享受した.富と人類の厚生を生み出すすべての自然条件は,完新世の間に安定し,現代文明が生まれる基礎を作った.この図はまた,地球全体と比較して,両極地域でいかに大きな温度変動があったかを示す.過去50年間で世界は約0.8℃温暖化したが,北極は少なくともその2倍温暖化した.

て，その地域に残っていた熱帯雨林の破壊を加速した．生物多様性の豊かな生態系の損失は，野生生物の生息地を消滅させるだけでなく，熱帯雨林に依存した小規模な農業や林業，漁業を営む地域社会も蝕んだ．ボルネオの熱帯雨林に住む大半の人々は，森林から直接ではなく，そこを流れる川からタンパク質を得ている．パーム油プランテーションは土壌侵食を引き起こし，流出した土が河川を埋め，同じく流出した肥料や農薬が徐々に水系を破壊する．これによって魚の資源量が減り，地元住民はタンパク質を得るすべを失う．労働者としての給料が低く，十分な食料が合法的に得られないと，野生動物の肉の違法な取引が増加する．それは，やがては絶滅危惧種に対する深刻な脅威につながる．

　最近まで，そのような話は，当事者でない私たちにはあまり関係がなかった．産業化された農業が，健全な生態系を侵して遠く離れた地域社会を破壊しても，それはある開発の失敗，つまり，ある地域のローカルな問題として片付けられたからだ．しかし，いまやこの状況は変りつつある．ますます相互依存が進む世界では，ボルネオの出来事は世界中から影響を受け，また，世界中に影響を与える．世界の誰もが，ほかの誰かの「裏庭」に住んでいるというイメージが，新しい現実なのだ．

　このことは，ボルネオで大規模な森林火災が発生した 2008 年に実証された．約 4 年の気候サイクルをもつ比較的乾燥した気候条件が，いままで島の樹木や植物などの森林生物群の再生を促してきた．しかし，森林伐採が，自然景観をさらにむき出しのものにした．気候変動が干ばつの可能性を高め，それと併せて森林伐採がこれまで火災がなかった地域に火災を引き起こした．実際，2008 年に起こった森林火災は非常に大規模で，東南アジア全域にかかる「アジアの茶色の煙霧（ABC）」を発生させ，それはその年の世界の温室効果ガス排出量の 30 パーセントにも達した．広大な熱帯雨林で炭素を吸収していたインドネシアは，突如として世界最大の温室効果ガス排出国の一つになった．「茶色の煙霧」に含まれる粒子は濃いスモッグとなり，九つのプラネタリー・バウンダリーのひとつであるエアロゾル負荷と関連する入射太陽光線の光学的な深度を減少させた．スモッグが，鏡のように入射太陽光を宇宙に反射するためだ．これは地球を冷やす効果を生む．つまり，森林火災などによる大気中の粒子というある環境問題が，温室効果ガスの排出

による温暖化という別の問題を覆い隠すというパラドックスを生む．しかし，それはまた，東南アジアのモンスーン地帯のような地域の降雨パターンに影響し，シンガポールやインド，香港などの経済にも影響を与えたのである．

地球を守る緩衝材

地球システムの最も重要な生物物理学的な特性は，自己制御プロセスが二段階となっていることである．第一段階ではまだ回復力が高く，地球システムは，生物学的，物理的，化学的プロセスによって変化に抵抗し，いわゆる負のフィードバックを働かせて，冷たい氷期の均衡状態であれ，暖かい間氷期の均衡状態であれ，もとの状態にとどまろうとする．しかし，変化が第二段階に達し，地球の回復力が失われて諸条件が臨界点に達すると，均衡状態が移行し始める．世界は温暖化の加速や極度の寒冷化に向かって進みだし，もう後戻りできなくなる．

これまでのところ，人類の活動が引き起こした大規模な環境破壊に対し，地球は驚くべき能力を発揮し，あらゆる方法でその均衡を維持してきた．地球は排出物を吸収し，生態系を適応させ，食物連鎖を調整し変更することによって，温室効果ガスや森林伐採，土地劣化の影響を軽減した．たとえば，私たちが毎年大気に放出する90億トンの炭素のうち，地球は海洋と大地でその約半分を吸収している．これは間違いなく，世界経済および人類に対して，地球の自然が提供している最も大きな無料の生態系サービスである．

残念ながら，私たちが地球に与え得る負荷が飽和点に達した可能性があることを示す科学的証拠が増えてきている．この状況の最も恐ろしいところは，人類のさらなる環境破壊に対する地球の反応が，直接的でも予測可能でもないということだ．地球に起こる最大の変化は，原因そのものからではなく，むしろその原因による変化を増幅する正のフィードバックからもたらされるからだ．

すでに，変化を増幅する大規模な正のフィードバックの兆候が観測され始めている．温室効果ガスの排出による炭素を森林やそのほかの陸上生態系が吸収する速度が遅くなっている可能性がある．海洋は，大気中の二酸化炭素を吸収して急速に酸性化し，海洋生物に影響を与えている．森林破壊や生物

54 第1章 新たな苦難の時代

多様性の損失，淡水と土地資源の過剰使用などのすべては，地球を改造し，気候変動などのかく乱に耐える力を低下させている．これらは，すべてのものが互いに強く連動していることを示唆している．温室効果ガスの排出量を減らし，世界の森林や草原，海洋を持続可能な方法で管理しない限り，2℃を超える温暖化という危険な気候変動を回避することはできない．

　きわめて密接につながった世界で，自然のフィードバックによって伝播する危機は，生態系のみならず政治システムを通じても急速に広がる．金融や政治，農業，安全保障，エネルギーなどが相互に作用する新しい地球の仕組みにおいては，一つのシステムまたは地理的範囲における混乱が境界線を越えて広がり，最終的には大きな世界的危機になる．ここでも，予期しない事態が起こるのが共通の特徴である．

　したがって，私たちは自然を使い果たさないよう，十分に注意深くなければならない．適切に機能する生物圏は，事実上，最も有効な地球の回復力の源である．それは，自然によるものでも人間によるものでも，地球環境の変化が引き起こす急激な変動に対する効果的な保険となる．私たちは，地球システムの不可欠な部分として，地球の回復力の源泉となる自然の実例や人類によるモデルとなるべき景観から多くのことを学べたはずだ．しかし，これまで私たちが歩んできた発展の道筋はそれとは異なるものであった．地球の回復力を低下させ，短期的には大きな利益をもたらすが長期的には脆弱性を生むシステムを，農村から都市に至るあらゆる所で構築してきたのだ．これは，あまり賢明な戦略ではなかった．

　その戦略は，私たちの豊かさを支えるうえで当面は役立つかもしれないが，ずっと続けることはできない．人口が急増する中で人類の繁栄を確保するためには，地球環境の変化のペースを遅らせ，停止させ，あるいは反転させるための新しい戦略を策定することが急務である．貧困状態にある世界の半分以上の人々のニーズにも対処しつつ，これを達成するのは大きな挑戦だ．しかし，この挑戦に勝つ唯一の方法は，完新世の長所を理解すること，そしてこの安定した美しい地球の状態を守るためにできることのすべてを実践することである．なぜならばこの状態が私たちの知っている近代社会を維持できる唯一の状態なのだから．

次ページ：タンザニア沖の小さなボートに乗る漁師たち．彼らは，遠洋漁業船の違法操業による漁業資源の減少に直面している．

第2章
プラネタリー・バウンダリー

　真っ暗な夜，崖沿いの曲がりくねった道を車で走るさいには，崖に近づきすぎないよう，目につきやすいガードレールが必要だ．これが，プラネタリー・バウンダリーの背景にある基本的な考えである．現在の人類は，急カーブの続くレースコースを猛烈なスピードで走り抜けている状況にある．うっかり崖から落ちて悲惨なことにならないように，さまざまなプラネタリー・バウンダリーを明らかにし，ガードレールとして機能させる必要がある．曲がりくねった道沿いにあるガードレールがドライバーの運転スキル向上を妨げるものでないように，これらのプラネタリー・バウンダリーは人類の成長や発展を阻害するものではない．それは，大惨事を防ぐためのものである．

　まだ，人類が「大きな地球の小さな世界」で暮らしていた1980年代には，プラネタリー・バウンダリーは必要ではなかった．有限の地球で無限の成長が可能かどうかを真剣に問うことなく，鉱物や生物資源，淡水，土地，石油，石炭，天然ガスを利用できると考えられていた．しかし，いまやすべてが変わった．今日，地球の気候的，地球物理学的，大気学的，さらには生態学的プロセスの本来の機能を大切にする発展の新しい枠組み，つまり，地球が安定的かつ回復可能な状態で安全に機能する範囲内で，人類の繁栄と経済成長を実現できる新しい発展のパラダイムを必要としているのだ．

　「安定した状態の地球で人類が安全に活動できる範囲を定義すること」を出発点として，地球のどのプロセスが地球の安定性を維持するうえで最も重要かをまず特定する必要がある．第1章で見たように，完新世，つまり人類

ベトナムのメコン・デルタの稲作など，地球上の土地の約40パーセントが農業用になっている．

が過去1万年に享受してきた温暖で安定した間氷期が，今日の世界を維持しうる唯一の生物物理学的状態だという，十分な科学的証拠がある．人類が地球を変える大きな力となった人新世の現在，完新世のような条件を地球上で維持するためにすべきことは，一体何だろうか？

　私たちは完新世についてよく知っている．どのように海や陸，大気が相互に作用し，どのように気候システムが生物圏と相互に作用し合うのか知っている．水の循環が，土地や栄養素，それに太陽エネルギーと一緒になって，地球上の生物量を制御していることを知っている．地球上の炭素や窒素，リンの循環サイクルを知っている．そして，地球の現在の均衡状態を維持するには，太陽からの熱の大部分を宇宙に跳ね返す北極と南極の永久氷床が不可欠であることも知っている．また，生態系が地球システムのあらゆる土地や海洋を通じて，酸素や水，炭素，メタンなどの流れを決定することも知っている．言い換えれば，完新世の状態を人類の未来の基準点として用いて，地球が完新世の状態から離れないための閾値を科学的に定量化することができるのだ．

　そのために，ポツダム気候影響研究所のハンス・ヨアヒム・シェルンフーバー，豪州国立大学のウィル・ステファン，コペンハーゲン大学のキャサリン・リチャードソン，ミネソタ大学のジョナサン・フォーリー，マックス・プランク化学研究所のノーベル賞受賞者ポール・クルッツェンなど多くの科学者を含む学際的研究グループを組織し，地球の機能を制御するさまざまな力を分析した．プロセスを一つひとつ見て，それらの間の相互作用を調査し，完新世のような安定した状態にとどまるための必要条件を特定しようとした．最新の科学的根拠に基づき，各システムが人類の望まない異なる状態に急変し得る生物物理学的限界，つまりプラネタリー・バウンダリーの定量化を試みたのである．

　こうした定量化は，これまで行われたことがない．科学者たちは，過去10〜15年の期間に，地球の機能を決定する複雑なダイナミクスを初めて説明できるようになった．過去50年間に地球環境に与える人類の圧力が急増したことを示す観測結果が公表されたのは，わずか8年前である．しかし，プラネタリー・バウンダリーの概念は，湖沼や森林の生物群や大規模な氷床に至る諸生態系が変化に抗する回復力がなくなると，突然に転換点（tipping points）を超え，ある均衡状態から別の均衡状態に不可逆的に移行するという，30 年以上にわたる実証的な研究に基づいている．転換要因，転換点，均衡状態の移行，または閾値などそのような移行を何とよぼうと，地球の回復力こそが重要であることを示す証拠が多数ある．

1962 年に出版されたレイチェル・カーソンの『沈黙の春（*Silent Spring*）』から，その 10 年後にドネラ・メドウズやデニス・メドウズらが発表したローマ・クラブの報告書『成長の限界（*Limits to Growth*）』まで，過去にも警告はいくつもあった．しかし，これらの声は，人類が地球上の環境システムを大きく変えたり，生物圏を枯渇させたりする証拠はほとんどないと主張する，保守的なエコノミストや政治家，ビジネス・リーダーによってかき消された．しかし，私たちはいま，当時に比べてはるかに多くの知識を蓄積している．人間が自然システムへ与える影響が，経済と社会的厚生の両方を損なっているということが明らかになった．致命的な環境の閾値は地球環境に「しっかり組み込まれ」ており，それらの閾値の引き金を引くことは避けた方が賢明であるという証拠もある．

地球システムの生物物理学的構成要素，すなわち自然は意外性に満ちあふれたものであり，負荷がかかり過ぎると壊れ，人類に望ましくない状態に転換する可能性がある．たとえば，氷床の不可逆的な溶融や永久凍土の融解による草原地域でのメタン放出など，このような転換が多くの場所で多くのシステムに起こる場合，その相乗効果によって地球の転換点を超え，人類は完新世の状態から離れてしまう可能性がある．

遠い昔に地球の転換点を招いた原因は，太陽に対する地球の位置関係の変化や小惑星との衝突などに限ったものではなかった．それらは外部要因と地球自身の反応との相互作用によっても引き起こされたことが，科学的に解明されている．地球は，すべてが相互につながる複雑で自己制御的なシステムである．ごく単純にいえば，自然が健全な状態にあるとき，地球の回復力は高い．気候が安定し，雨が十分降り，土壌と空気が汚染されていないときは，生物多様性が豊かであり，生態系は繁栄する．回復力があれば，地球はその生物物理学的プロセスを使って外部からの衝撃を緩和できる．それは試合中にパンチを受けるボクサーに似ている．回復力が高い最初の数ラウンドの間，ボクサーは強いパンチにも耐えられる．しかし，第 10 ラウンドまで

プラネタリー・バウンダリーに関する 2014 年の現況*

地球システムの主なプロセス	制御変数	プラネタリー・バウンダリー（不確実性領域）	制御変数の現在値
気候変動	大気中のCO_2濃度，ppm	350 ppm CO_2（350-450 ppm）	396.5 ppm CO_2
	大気最上部のエネルギーの不均衡，W/m^2	エネルギー不均衡：+1.0Wm^{-2}（+1.0-1.5Wm^{-2}）	2.3 Wm^{-2}（1.1-3.3 Wm^{-2}）
生物圏の保全	遺伝的多様性：絶滅率	遺伝的：10 E/MSY（10-100 E/MSY）未満ただし，意欲的な目標値は約 1 E/MSY（自然の絶滅率）E/MSY =100万生物種のうちの毎年の絶滅数	100-1000 E/MSY
	機能的多様性：生物多様性完全度指数（BII）注：これは，より適切な指数が開発されるまでの暫定的な制御変数	機能的：BIIを90%（90～30%）以上に維持 - 生物群系／大きな地理的地域（例：アフリカ南部），主要な海洋生態系（例：サンゴ礁），または大規模な機能グループ別に計測	84.4%，アフリカ南部のみ
新人工物質	現時点で，定義されている制御変数はなし	プラネタリー・バウンダリーは特定されていないが，新規人工物質（CFCs）に関連する閾値の例として，成層圏オゾンに対する閾値が存在	
成層圏オゾン層の破壊	成層圏O_3濃度（DU：ドブソン単位）	産業革命前の290DUレベル（5 %～10%）から 5 %未満の減少-緯度によって計測	「南半球の春」における南極大陸でのみ逸脱（~200DU）
海洋酸性化	炭酸イオン濃度，アラゴナイト（Ω arag）の全地球的な海洋表面の飽和度	産業革命以前の，自然な日周変動および季節的変動を含む平均の海洋表面のアラゴナイト飽和度：80%以上，（80%以上～約70%以上）	産業革命前のアラゴナイト飽和度の84%まで
生物地球化学フロー（リンおよび窒素サイクル）	リンのサイクル地球レベル：淡水システムから海洋へのリンの流れ	地球レベル：年間11 Mtのリン（年間11-100 Mt のリン）	年間22 Mt
	地域レベル：肥料から侵食性土壌へのリンの流れ	地域レベル：年間3.72 Mtのリン．採掘され浸食性土壌（農業用）に使用される場合（年間3.72-4.84 Mt）閾値は世界平均のものだが，地域的分布が環境への影響にきわめて重要	～14 Mtのリン
	窒素のサイクル地球レベル：工業や農業による意図的な窒素の生物学的固定量（反応性窒素の導入量）	年間 44.0 Mt の窒素（年間44.0-62.0 Mtの窒素）この閾値は，地球システムへの反応性窒素の新たな導入を制御する「バルブ」の役目を果たす．窒素肥料の地域的分布が環境への影響にきわめて重要	～年間150 Mt の窒素
土地利用の変化	地球レベル：もとの原生森林面積に対する森林面積の割合	地球レベル：75%（75-54%）．この値は，個別の三生物系のエリアとその周りの不確実なエリアの加重平均	62%
	生物群系：潜在的森林面積に対する森林面積の割合	生物群系：熱帯：85%（85-60%），温帯：50%（50-30%），寒帯：85%（85-60%）	
淡水利用	地球レベル：消費可能淡水の最大使用量（年間km^3）	地球レベル：年間4000 km^3（年間4000-6000 km^3）	～年間2600 km^3
	流域：淡水の平均月次流量からの取水の割合	流域：平均月次流出量に対する最大月次取水量の割合．低流量期：25%（25-55%）；中流量期：30%（30-60%）；高流量期：55%（55-85%）	
大気エアロゾルの負荷	地球レベル：エアロゾル光学深度（AOD）．ただし，地域による差異が大きい		
	地域：各地域のAODの季節平均．南アジア季節風地帯の事例	地域（南アジアモンスーン地域の事例）：インド亜大陸上の人為的な全AOD（吸収および散乱）0.25（0.25-0.50）．加温による吸収は全AODの10%未満．	0.30 AOD，南アジア地域上

* ［訳注］表中のハイライト部分は定量化の指標がまだ確定的でないことを示す．

には回復力が失われ，次のパンチで転換点を超えてノックアウトされるリスクが高まる．

　地球も同じである．海洋や土地，水そして生物多様性は，エネルギーや栄養素，炭素などのフローとストックを通じて，外部からの「パンチ」の影響を緩和したり強化したりできる．地質学的な太古には，これらの「パンチ」は宇宙からやって来た．今日，パンチは私たち人類に由来する．人類による温室効果ガス排出は，地球規模でエネルギーの不均衡を促す．地球がそれにどう反応するかが，重大な問題だ．

　これまでのところ，地球は温室効果ガス排出に起因する熱の 90 パーセントを海洋で吸収し，人間の二酸化炭素排出の 50 パーセント以上を自然生態系で吸収するなど，生物物理学的な回復力によってかく乱要因を和らげてきた．これらの作用は，かく乱要因の影響を軽減するため，負のフィードバックとよばれる．しかし，地球の回復力が徐々に失われるにつれ，フィードバックが変化を緩和する「負」から強化する「正」へと向きを変え，重要なシステムはついには閾値を超えてしまうおそれがある．このとき，地球は突然，友人から敵に変わる．

　だからこそ，プラネタリー・バウンダリーを重視しなければならないのである．

　そうはいっても，広範な不確実性が関与しているため，安全なバウンダリーを明確にすることは難しい．これは，大気がさらに多くの熱を吸収すると偏西風に何が起こるかなど，プラネタリー・バウンダリーがいかに相互作用し，変化に反応するかを予測するのが困難なためである．ちなみに，人為的な気候変動について大半の科学者が合意しているのは，二酸化炭素濃度350〜450 ppm のどこかで，地球の気候に関する重大な限界値を超える可能性が高いということである．それを超えると，地球は人類にとって望ましい状態から遠ざかる．

　350〜450 ppm の幅は，かなり大きな不確実性を含む数値である．産業革命前の大気中の二酸化炭素濃度は 280 ppm で，少なくともそれ以前の 10 万年間はそれを超えたことはなかった．二酸化炭素濃度 450 ppm 以上という不確実性を含む範囲を超えると，完新世の安定状態から遠ざかることになる．そうなると，グリーンランドや北極，西南極の氷床の不可逆的な融解，

熱帯海洋システムの崩壊，季節風気候パターンの不安定化などを引き起こす大きなリスクにさらされる．1990年ころに二酸化炭素濃度が350 ppmを超えたことで，北極海の氷の急激な減少といった予想通りの結果が生じた．また，西南極の氷河がすでに不可逆的な融解の閾値を超え，今世紀末までの予想海面上昇がさらに1メートル押し上げられるという警告も2014年中ごろに示されている．

　しかし，こうした危険な兆候にもかかわらず，気候の閾値がどこにあるのか，科学はまだ正確に解明していない．地球システムの機能に関する科学的理解は大きく進歩したものの，まだ不完全だからだ．また，森林破壊が地球の炭素吸収に影響し，それがさらに大気中の二酸化炭素濃度の安全レベルに影響を及ぼすように，重要なプロセスは相互作用し，それぞれの閾値に影響が生じ得るからでもある．危険な閾値を超える前に，これらのプロセスにどれだけの負荷をかけてよいかと聞かれても，科学は正確に答えられない．人類が危険な一線をどこで超えるのかを正確に言い当てることは至難の業なのである．

　複雑な世界で物事を確実に解明するのが難しいことは，驚くに値しない．その代わり，私たちはリスクを冷静に判断するために，利用可能な最善の知識に基づいて行動する必要がある．これこそがプラネタリー・バウンダリーの考え方であり，地球システムの壊滅的転換を引き起こすリスクを回避する最適な方法を，可能な限り科学的に提示するということである．

　不確実性に対するアプローチは，いわゆる「予防原則」に基づく．エコノミスト誌は英国風の切れ味鋭い控えめな言い回しで「理論が予測するより速く変化が起こる場合，ある程度慎重になることは賢明な対応である」と指摘している．同様に，私たちの研究グループは，地球の主要なプロセスに関する安全な限界値を，「崖」からずっと離して科学的な不確実性の下限に設定した．それは，気候変動の場合，二酸化炭素濃度の限界値を350 ppmにすることを意味する．もちろん，こうした慎重な位置にガードレールを設置するためには，限界のどのくらい近くまで世界経済を拡大するべきかなど，グローバル社会が取るべきリスク・レベルについての規範的な判断が必要だ．そこには，気候変動の限界値を超えた場合に，世界の沿岸都市が数メートルの海面上昇に対処し得るかなど，社会にどこまで受容力があるかについての

判断も含まれる．もちろん，優れた経営やガバナンスの仕組みと同じく，プラネタリー・バウンダリーの枠組みも，情報や情勢に応じて更新され，微調整される必要がある．

　直観的に，このようなアプローチは当然だと考える人が多勢だろう．私たちは，自分の生活においては安全な範囲内で活動するのが通常だが，地球に対しては同じようには考えてこなかった．完新世に近い環境にとどまる努力という観点から人類の発展を考えたことがなかった．資源の消費や環境変動の要因，そして人間活動による環境への直接的影響に注目することもなく，地球システムの突然で不可逆的な変化のリスクについても真剣に考えてこなかった．

　たとえば，政策立案者は通常，化学物質や大気汚染に関して，さまざまな地域レベルで，安全な「限界負荷」，「最低基準」または「許容限度」を定義し，基準を設定する．一般に地方自治体などは，飲料水中の鉛やカドミウムなど重金属の許容含有量について，そのように対応する．人が耐えられる限度，つまり人の健康面の費用と便益の評価に基づいて妥協点を決めるのである．また，環境を保護し，特定の土地や水域をオアシスとして保全するにはどの程度の負荷が限度か明確にしようとするのも同様である．

　一方で，プラネタリー・バウンダリーのアプローチは，上記とは異なり，資源の需給や問題の原因など人間活動に起因する要素を勘案するような妥協的な方法はとらない．むしろ，生物物理学的プロセスに焦点を当て，とくに，突発的かつ壊滅的となり得る変動を起こす値を閾値として定めるアプローチをとる．また，プラネタリー・バウンダリーを導入することによって，人類の独創性を推し量るというきわめて難しい問題を回避できる．すなわち，持続可能性に向かう方向であれ，完新世から遠ざかる方向であれ，技術革新を起こす人類の創意工夫についてはいかなる前提を置くこともしない．むしろ，人類が技術革新を行い，社会的・経済的な満足を追い求め，多様な技術を試行し，そしてさまざまなガバナンスや政治システムを用いることが許される地球上の活動範囲を設定し，人類にとって安全な機能空間を明確にすることに主眼を置く．プラネタリー・バウンダリーによって，良好な状態の地球上で活動をする限り，人類には多くの選択肢が与えられるのである．

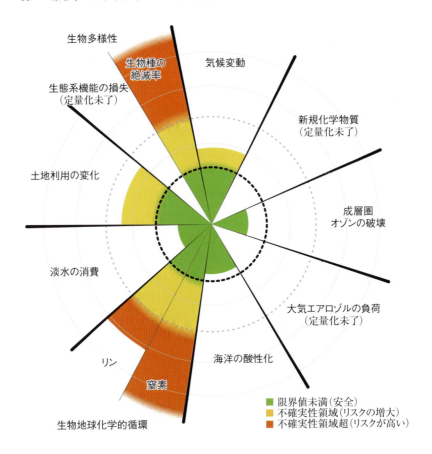

図2.1　プラネタリー・バウンダリー　2014年の更新　2009年の当初の研究で提示された九つの限界値は，科学的に再確認された．ただし，限界値の更新と，リンおよび土地利用に関し重要な調整があった．この分析は，地球システム科学と地球の回復力に関する研究の数十年にわたる進捗に基づいている．それらの研究は，人類が未来にわたり繁栄できる可能性が高い，回復力があり安定した「完新世」のような地球を維持するための，地球上における生物物理学的な「安全な機能空間」を明確にすることを目的としている．

太い点線の円内の緑色のくさび部分は，「安全な機能空間」を表す．この安全な機能空間の限界値を超えると，黄色の不確実性のある危険域に入る．さらにこの科学的に不確実な範囲を超えると，不可逆的変化が起こる危険性の高いオレンジ色のゾーンに入る．それぞれのくさび型部分は，各限界値の現在の状況を示している．

科学はすでにこの方向に進んでいる．たとえば，気候変動に関して，世界のリーダーたちは2009年に，産業革命前に比べて気温上昇を2℃以内に抑えることに合意した．これは，私たちの推計した限界値1.5℃を超えるものであったが，それでも気候に関するプラネタリー・バウンダリーに合意できた．それに続き，ポツダム気候影響研究所，国際応用システム分析研究所，オランダ環境評価庁（PBL），オックスフォード環境変動研究所の研究によって，この気候の限界値が世界的な炭素の排出量に換算された．彼らの研究によれば，66パーセントの確率で2℃以内にとどまるためには，今後の二酸化炭素排出量を1兆トン以下にする必要がある．そのために，化石燃料を基盤とする世界経済から脱する時間的余裕は，25〜30年しかないことが明らかとなった．これは，プラネタリー・バウンダリーの考え方を九つの限界値のうちの一つである気候変動に適用したものである．

こうして方法論は変わった．

九つのプラネタリー・バウンダリー

地球の変化に関するさまざまな分野の科学者を交えて総合的なレビューを行った後，私たちの研究チームは，複数のプラネタリー・バウンダリーを特定した．バクテリアから岩盤まで，生物と無生物の間にある複雑さと相互作用を考えると，50以上のプロセスを特定する結果になる可能性もあった．しかし，そのうち最重要なものに絞って評価を行い，以下の九つのプロセスを特定したのである．

気候変動	淡水の消費
成層圏オゾン層の破壊	土地利用の変化
生物多様性の損失率	窒素およびリンによる汚染
化学物質汚染	大気汚染またはエアロゾル負荷
海洋酸性化	

前ページ：湖が，スウェーデンのダーラナにある美しい森の秋を映している．北方の森林は，長期的な森林炭素の研究が示す通り，気温変動に敏感である．

私たちは，この結果を 2009 年に発表し，科学界にこう問いかけた．「何か見逃しているものはないか？」「明らかにプラネタリー・バウンダリーではないものが含まれていないか？」そして，世界中の科学者や政策立案者，ビジネス・リーダー，一般市民にこの研究結果を広く精査してもらった．その後 5 年間にわたり，多くの科学論文によって私たちの研究が議論され，修正が加えられた．その結果，私たちはこれら九つについて一層の確信をもつようになった．そして 2014 年に，プラネタリー・バウンダリーに関する科学的更新を行い，特定した九つのプロセスは適切なものであったと結論づけた．

　九つのプロセスの特定と，それぞれの安全な限界値の定量化とは，まったく別の話である．2009 年の時点では，九つのプロセスのうち七つについて限界値の定量化を提示した．このうちいくつかについては，科学的研究が進み限界値がさらに明確になっていた．たとえば，気候変動については，二酸化炭素濃度 350 ppm または追加的な人為起源の放射強制力 1 平方メートルあたり 1 ワットを限界値と設定した．また，成層圏オゾン層の破壊については，保護オゾン層のレベルを，産業革命前に比べて 5 パーセント以上薄くならないよう保護することを提案した．土地利用の変化や淡水利用，海洋酸性化の限界値についてはある程度の確信をもっている一方，非常に広範な不確実性があるため，科学的研究の進捗によって定量化を改善できる余地や，さらには別のより適切な制御変数を特定できる可能性もあると考えている．生物多様性の損失率および窒素とリンの世界的サイクルに関する人間の関与については，既存の証拠に基づく推計を提示したのみであったが，その後科学的研究が進み，これらの限界値の定量化について大幅な改善が見られた．エアロゾル負荷と化学物質汚染については，無数の異なる化合物や汚染物質が相互に依存するきわめて多くの相互作用があるため，限界値の定量化には至っていない．

　これら限界値の定量化は，過去 5 年間に学術専門誌で指摘された改善点を取り入れつつ，最新の科学研究に基づいて，独立した科学者により更新されてきている．たとえば，エアロゾル負荷については，東南アジア地域において，太陽放射が光学的に到達すべき最小限の大気中の深さを定量化することによって，その限界値に関する指標の提案を試みた．一方，化学物質汚染の

限界値の特定にはまだ苦労している．なお，ここでいう化学物質は完全に人工的なものであり，地球のシステムにとってはまったく新しい化合物であることから，「新規化学物質」とよぶことにした．

プラネタリー・バウンダリーは，その機能によって三つのグループに分けられる．第一グループには，グリーンランドや南極の氷床融解の危険性など，明確に定義された地球的な閾値があるプロセス，すなわち，ある状態から別の状態へ急激に移行し，地球全体に直接に影響し得るプロセスが含まれる．気候変動と成層圏オゾン層の破壊，海洋酸性化の「ビッグ・スリー」がこれに相当する．これらに関する閾値は地球システムにしっかり組み込まれており，人間が変えることはできない．つまり，ある気温に達すると巨大な氷床群が融けてしまい，地球は現在の完新世の均衡状態から離れてしまうのだ．

第二グループには，緩やかに変化する地球環境にかかる変数に基づく限界値が含まれ，それらは地球システムの基本的な回復力を支えている．土地利用の変化や淡水利用，生物多様性の損失，窒素とリンの世界的サイクルに関するものの四つがこれに含まれ，「緩やかな限界値」とよばれる．地球システムに「トップ・ダウン」の影響を与える第一グループの限界値とは異なり，第二グループは「ボトム・アップ」に作用する．それらは，地球規模の変動よりは，比較的限定された地域の限界値に結び付いている．それらは，地球システムを有害な影響から守り，その回復力を強化するために，地球という機構の内部で機能するプロセスと考えられる．

この第二グループの四つのプロセスには，より広い地域または地球規模で独自の閾値があるようには見えないが，関連する閾値がないわけではない．反対に，生物多様性，バイオマスの収穫量，土壌品質，淡水フロー，栄養素サイクルなどの重要な変数が徐々に変化し，湖沼，森林，サンゴ礁などの生態系における重要な閾値を超えると，急激な変化が引き起こされ得ることが明らかになっている．

このようなプロセスの転換点は，地球にとっていつ問題となるのだろうか？ 地球が完新世の状態にとどまる可能性に対して，いつ脅威となるのだろうか？ たとえある地域の少数の湖の生態系が，乱獲や栄養負荷によって崩壊しても，それは国を越えたより大きな地域や地球全体には影響しないか

人類に対する地球の素晴らしいサービス

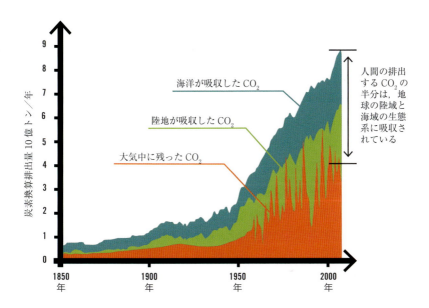

図 2.2　地球が吸収する二酸化炭素（CO₂）　過去 50 年間に，世界の CO₂ 排出量（炭素換算排出量・10 億トン / 年）は，ほぼ倍増している．CO₂ は最長で 1000 年間は大気にとどまる長寿命の温室効果ガスであるため，排出される二酸化炭素の全量が，この期間に観測された 1℃の温暖化に寄与したと考えられる．しかし，現実には，海域と陸域の生物圏にある生態系が，それぞれ全排出量の約 25 パーセントを吸収し，全体の半分だけが大気中に残っている（グラフの赤色の領域）．これは過去半世紀に自然によって吸収された CO₂ の量が 20 億トンから 40 億トンに増加したことを意味し，地球の回復力が働いていることを示す．

もしれない．しかし，同様の持続不可能な活動によって，世界の何千もの湖で同時にそのような転換が起きると，地球の気候システムに影響する炭素吸収源の喪失や地方経済の崩壊などを引き起こし，本当に地球規模の問題になる．

第三グループには，人間が作り出した二つの脅威，すなわち微細な炭素粒子や硝酸塩，硫酸塩などによる大気汚染，さらには，重金属や難分解性の有機化学物質による生物圏の汚染が含まれる．地方，地域，地球規模で人間の健康と地球システムに及ぼす危険性があることから，これらはプラネタリー・バウンダリーに含まれるべきである．しかし，いずれも多数のプロセスに複雑に関連しており，安全な限界値を設定するにはさらなる研究が必要である．

プラネタリー・バウンダリーの現状

プラネタリー・バウンダリーの枠組みを定める方法について，二つの重要な進捗があった．第一の進捗は，特定されたプロセスの間にある階層的構造の認識である．第一グループのビッグ・スリーのように，地球規模の転換点について明確にわかっているものか，あるいは第二グループの緩やかな限界値のように，プロセスが回復力の制御因子として機能しているものか，どちらであるかを区別することがまず重要である．同様に重要なのは，それらが単独で地球システムを完新世から遠ざけ得るのか，あるいはほかの限界プロセスの結果を制御するだけであるのかという点である．

地球の気候システムと生物多様性の豊かさは，それぞれ単独で，地球の将来の状態を決める決定的な役割を果たす．気候システムと生物多様性の最終的な状態は，水の流れ，土地利用，栄養フローなどの機能の仕方の総合的な影響によって決定される．簡単にいえば，気候と生物多様性をあるべき姿にすれば，私たちは地球の望ましい状態を相当程度に保全できる．したがって，これらの二つを「中核的限界値」とよぶ．一方で，人類が気候システムと生物多様性の安全な範囲内に確実にとどまる唯一の方法は，ほかの限界値すべてをあるべき姿に維持することである．なぜなら，ほかの限界値が生物圏にあるすべての生物種の生存条件を決定し，気候システムの最終的な状態を制御するからである．

プラネタリー・バウンダリーの枠組みに関する第二の進捗は，当初の案に対する批判から生まれた．当初案では，地球レベルの限界値だけを定義しており，多くの指摘があったように，大小の地域レベルで「限界値を管理する」ための指針はほとんど提示しなかった．実際は，すべてのプロセスは地域的に機能する．すなわち，最終的に地球規模の結果を招くにしても，土地利用や淡水利用，森林破壊はすべて地域的な事象であり，同様に，温室効果ガスの排出源も地域的なものだ．それゆえ，限界値がさまざまな規模で機能することを考えると，地球レベルの限界値を地域レベルの限界値と結び付けることが合理的である．そのため，それぞれのプラネタリー・バウンダリーは，そうする意味があり，またそれが可能な場合には，地球レベルと地域レベルの一対の数値をもつようになった．たとえば，淡水に関しては，地球規模の限界値を地球上で使用可能な水流の最大量である「年間 4000 立方キロメートル未満」として定義するとともに，水に依存する生態系の機能と回復力を守るためにそれぞれの河川が保持すべき最小限の水量として，世界の各河川流域の限界値も付け加えている．

　ここで，核心となる限界値レベルの設定方法に話を戻してみる．十分な科学的証拠があるプロセスごとに，私たちの研究チームは，各プロセスがどれくらいうまく機能しているか，あるいは機能していないかを決定する変数を特定した．これらの計測可能な指標を「制御変数」とよび，各限界値に関する制御変数の選択は，どの指標が限界プロセスの機能について，最も包括的，総合的かつ定量可能な説明を提供できるかを評価して決められた．第3章では，これらの限界値の中で最も緊急なものと，それらがもたらすリスクについて深く掘り下げる．ここではとりあえず，それらを計測する方法を簡単に説明する．

　すでに述べたように，気候変動については，二酸化炭素の大気中濃度と放射強制力の二つの制御変数を提案した．また，二酸化炭素の大気中濃度については 350 ppm 以下という限界値も提示した．それを超える濃度では，極氷が大規模に融け出し，海面上昇からサンゴ礁システムや熱帯雨林の崩壊まで，人類にとって破滅的となり得る結果に至るおそれがあるという古気候のデータに基づいている．同時に，温暖化エアロゾル（メタンと亜酸化窒素）と冷却化エアロゾル（硝酸塩と硫酸塩）の両方の温室効果ガスの影響を取り

第 2 章 プラネタリー・バウンダリー

75

入れて，この「単純な」二酸化炭素による限界値を補完する必要があった．これに関する最良の変数は放射強制力であり，それにより，人間による温室効果ガス排出によって追加される地球表面の正味エネルギー量が計測される．私たちは1平方メートルあたり1ワット以下の増加を限界値として提示した．これは一般的に，地球の平均気温1℃の上昇に相当する．放射強制力の約20パーセントを占める二酸化炭素以外のガスの温室効果は冷却化ガスの冷却効果で相殺されるため，いまのところ，これら二つの変数は連動している．しかし，温室効果ガスと冷却化物質との相互作用を含む大気の複雑さを考えると，つねにそうなるとは限らない．したがって，気候変動の指標としては，二酸化炭素濃度と放射強制力の両方を計測することが，より確実であると考えたのである．

　ほかのプラネタリー・バウンダリーの制御変数を選択するにあたっても，同様に実用的なアプローチを取った．海洋酸性化については，海洋全体の状態を示すアラゴナイト（アラレ石）の海表面飽和レベルを代理指標として測定することを提案した．アラゴナイトは，海水が酸性になりすぎると溶解する炭酸カルシウムの一種である．アラゴナイトの水準が産業革命前レベルの80パーセントを下回ると，サンゴ礁は絶滅の危機に瀕し，海洋生態系の崩壊につながるおそれがあると推計した．

　生物多様性の損失に関しては，現時点における生物種の絶滅率を全体的な生態系への影響の変数として用いることを提案した．化石記録の研究によると，海洋生物と哺乳動物の過去の平均絶滅率は，年間で100万種あたり0.1～1である．人新世が始まって以来，その割合は年間100万種あたり100以上，すなわち地質学から見た平均絶滅率の1000倍に達している．今日，研究が進んでいるすべての生物種のうち約四分の一が，絶滅の危機に瀕している．

　科学者たちは，種の絶滅がこのレベルで継続すると，多くの生態系が機能し続ける能力を失うおそれがあり，それに依存する人間社会にとっても不都

　前ページ：ルワンダのギシュワティ森林保護区（左）の小規模な土地が，帰還した難民に与えられた．サラワク（右）では，都市の拡大が，かつてあった海岸の熱帯雨林を押しのけている．

合な状況になると警告している．また，サバンナが砂漠になったり，熱帯雨林がサバンナになったりするように，生態系が望ましくない状態に向かう可能性さえある．しかし，あらゆる生物種が生態系の機能において同等の重要性をもつとは限らないため，安全なレベルを定義することは非常に困難である．サメのような最高位の捕食者種の絶滅は，ほかの魚の絶滅よりはるかに大きな影響をサンゴ礁システムに与えるリスクがある．その不確実性を考慮して，私たちは当面の指標として，100万種につき年間で最大10種の絶滅を指標として提示した．これは歴史上平均的な絶滅率（背景絶滅率）よりもはるかに高いが，現在の絶滅率よりは1桁から2桁小さい．また，変化に対応する生態系の能力を測定する指標によって種の絶滅率を補完することで，生物多様性に関する指標の改善を図った．種の数だけでなく，授粉行動や魚が肉食か草食かなど種が生態系で果たす機能を考慮して補完するのだ．また，平均生物種普存指数や，いわゆる生物多様性完全度指数などによって測定される，生態系における機能ごとの残存する生物種の数なども考慮している．

有害な紫外線（UV）によって高緯度地域の住民に健康被害をもたらす成層圏オゾン層の破壊については，オゾン（O_3）濃度の産業革命前のレベルからの損失が5パーセント以下までという限界値を提示した．それより大きな損失があると，毎年春に，オゾン・ホールが極地に繰り返し現れる可能性が高まる．

地球上の淡水利用については，年間4000立方キロメートル以下の流水資源の消費という限界値を提示した．それは，陸上および水中の生態系の崩壊につながる閾値に達するのを避けるため，灌漑やその他の目的で河川や帯水層をこれ以上は開発しないということを意味するものだ．

熱帯雨林などの生態系の農地や都市への転換も，プラネタリー・バウンダリーを必要とするもう一つの問題である．生物多様性の損失，淡水の枯渇，炭素吸収源の減少などの重要な閾値を超えないように，耕作やその他の開発し得る土地の限界値を，凍結していない地球の地表面の15パーセント以下とした．ちなみに，現状は約12パーセントである．この制御変数を選択したのは，すでに世界レベルでよく知られ監視されているからである．それが単純化されすぎた指標であることはわかっている．というのも，本当に重要

なのは，残された自然林のような，二酸化炭素の吸収源として重要な役割を果たし，生物多様性のための生息地を形成し，一地域を超えた水資源を保全する最も重要な自然のままの土地の利用法を確実に維持することだからである．最新の更新では，限界値の定義を，追加的な農耕地の最大量というコインの表面の指標から，重要な生物圏を維持するために必要な最小限の森林面積というコインの裏面の指標に変更し，アマゾンやコンゴ川流域，東南アジアの熱帯雨林の85パーセント，世界の北方林の85パーセント，世界の温帯林の50パーセントをそのまま保全する必要があることを提案している．

　窒素とリンの過剰使用は，海洋生態系を富栄養化し，深刻な無酸素現象や「酸欠海域（dead zone）」を引き起こすおそれがある．私たちは，工業または農業による窒素固定については年間約3500万トンを，また，世界の海洋へのリンの年間流入量については，リンが自然な風化により海に流入する量の10倍以下を限界値として提示した．最新の更新では，ハーバー・ボッシュ法による肥料製造プロセスによる人工的な窒素固定だけでなく，現代の農業システムに特有の生物学的な窒素固定を含めることで，窒素の限界値を改善した．これによって，大気から抽出され生物圏で反応性の窒素に転換される大気中の窒素ガスは年間4400万トン以下という新たな窒素に関する限界値が導かれた．リンについて，私たちの当初の分析は，海洋における壊滅的な限界値だけを考慮しているものと批判された．カーペンターとエレナ・ベネットが，リンの限界値に関する研究で明らかにしたように，リンは，最下流の海洋システムに影響を与えるより前に，淡水システムにおいても深刻な問題を起こす．リンの流出は，土地，とくに農業における肥料の使用からだけではなく，自然の風化や水処理プラントからの漏出でも生じる．リンは陸地から海域にかけての自然の水域を通って移動する中で，湖や湿地で閾値を超え，深刻な問題を引き起こす．このため，淡水におけるリンの限界値を，海洋におけるリンの限界値に付け加えた．

　私たちは，環境への影響に対するガードレールとして，このようにプラネタリー・バウンダリーを定量化し，地球の持続可能性のための総合的な科学を進歩させ，政策立案者，ビジネス・リーダー，市民に対して，人類が危険な崖を滑り落ちないようにする実用的な道具を提供することを目指した．（具体的な九つのプラネタリー・バウンダリー，各々の制御変数，そしてそ

れぞれを超えた場合の潜在的な結果については，48 ページ，62 ページの表を参照されたい．）少し違った見方をすると，プラネタリー・バウンダリーは，建設的な未来を提示し，革新や成長，学習，実験やその他の多様な試みを可能にする十分な活動の余地を示し，人類の進むべき安全な道筋を明らかにする．プラネタリー・バウンダリーの安全な範囲内にとどまるならば，私たち人類は，何十年も何世紀にもわたって発展し，繁栄することができるのだ．

ここからどこへ向かうのか？

　私たちの研究の目的は，地球システムにおいて突然に破滅を招くような転換点を超えてしまわないために，人類にとって安全な機能空間を正確に示すことである．ひとたびある限界値を超えてしまうと，さまざまな限界値を超えることが避けられない危険域に入る．図 2.1 の通り，人類は，九つのプラネタリー・バウンダリーのうち，気候変動，生物多様性の損失，地球規模の土地利用の変化，そして窒素と淡水域におけるリンの四つの限界値を超えてしまい，すでに危険域に入っている．

　最近の観測によると，大気中の二酸化炭素濃度はプラネタリー・バウンダリーの 350 ppm をはるかに超える月平均 399 ppm を示している．実は，毎月の二酸化炭素の平均値は，1986 年以来 350 ppm を下回ったことがなく，平均で年 1.4 ppm ずつ上昇してきている．温室効果ガスの排出量は，米国などでは近年，緩やかな減少を示しているが，依然として深刻な状況である．実際，米国と中国が 2030 年までに二酸化炭素排出量を減少に転じるという 2014 年 11 月の合意や，EU が 1990 年比で 2020 年までに温室効果ガスを 40 パーセント削減するという目標を掲げたもかかわらず，世界は 450 ppm の二酸化炭素の限界値に向かって突き進んでいる．科学的見地からは，それを超えると破滅的な転換が起こる可能性がきわめて高い．

　主に近代農業に使われる合成肥料を通じて生物圏に放出されている大量の窒素についても，同様のことが当てはまる．湖や川，湿地における過剰な窒素の負荷は，バルト海で見られるようにさまざまな水域で深刻な転換を引き起こすおそれがある．バルト海では，約六分の一の水域が，酸素含有量の低い「酸欠海域」となっている．地球の窒素循環に関する科学的分析による

と，安全なプラネタリー・バウンダリーは年間 4400 万トン以下の窒素の生産となっているが，1990 年代の初めには，すでにそのレベルは超えてしまっている．現在の窒素生産量の年約 1 億 5000 万トンから，そこに戻すには，窒素生産の三分の二以上を削減しなくてはならない．これは，きわめて難しい課題である．

しかし，最も深刻な状況は，生物多様性の限界値について起こっている．今日，生物種の絶滅は，第 6 次大量絶滅のまっただ中にあるといえるほど非常に早いスピードで進んでおり，地球の生態系機能に大規模で恒久的な変化を必ずや引き起こすだろう．とくに，食物連鎖の頂点にいる最上位の捕食者である種の絶滅が問題であり，それによって自然の生命維持システムの構造全体が急速に変化し，重大な転換が引き起こされる．これらの絶滅は，ほかのプラネタリー・バウンダリーとは違い取り返しがつかないため，悲劇的ですらある．絶滅した種をもとに戻すことはできない．そのため，生物多様性の損失は世界にとって深刻な問題なのだ．

最新の情報は，人類が土地利用の変化についても危険域にあることを示している．熱帯雨林や温帯林，北方林が大量に伐採されたため，もともとの森林被覆の約 60 パーセントしか残っていない．地球の回復力を守るには，森林被覆の少なくとも 75 パーセントを維持する必要があると推計されている．

それ以外の四つのプラネタリー・バウンダリーについてはまだ安全な領域にあるものの（ただし，新規化学物質については確信をもてないが），いずれも好ましくない傾向を示している．とくに淡水については，世界の河川の約四分の一が海に到達せず，チャド湖やアラル海のような地域では，すでに淡水に起因する深刻な環境崩壊がいくつも起こっている．実のところ，状況はきわめて悲観的になりつつあるようだ．

さらに，プラネタリー・バウンダリーの相互作用の仕方も状況を複雑にしている．一つのバウンダリーを超えると，ほぼ間違いなく人類の選択肢がさらに狭まる方向に，そのほかのバウンダリーがシフトする可能性が高い．言い換えれば，プラネタリー・バウンダリーは永久に固定された目標ではなく，絶えず動くダイナミックな目標であり，一度に一つずつ管理することはできない．これは，政策立案者や投資家，ビジネス・リーダー，科学者，市民に対する重要なメッセージである．プラネタリー・バウンダリーを，「一

人は皆のために，皆は一人のために」行動する「三銃士」のように機能する一つのまとまりと考えるとよい．すなわち，どの一つの限界値からも外れないようにするには，すべての限界値以内の安全な機能空間にとどまる必要があるということだ．逆にいえば，たとえば気候変動の限界値を超えてしまうと，生物多様性などのほかの限界値も維持できなくなってしまう可能性が高いのである．

　結局，気候変動について取り組むべき最重要の分野として，排出量の削減から，生物圏の管理に焦点が移りつつあることが明らかになってきている．低炭素あるいは脱炭素社会を50年以内に達成できるかどうかだけが，地球環境の未来にとって問題なのではない．生物圏は，土地や水，生物多様性，栄養素に関する限界値をもっている．その生物圏が，それらの限界値の範囲内で，炭素を隔離し，地下にメタンを蓄積し，炭素を固定するバイオマス成長のための淡水を提供し，さらには，草地やサバンナ，熱帯雨林，湿地などの生物生息地を維持し，それによって，地球温暖化を緩和するのに十分な回復力を確実に提供できるようにしなければならないのだ．これらすべての生態系の機能やサービスについての限界値を超えてしまった場合，地球はもはや私たちの望む通りには振る舞ってくれないだろう．つまり，これまで地球温暖化を遅らせてくれた負のフィードバックは期待できなくなるのだ．地球が友人から敵に変わるときには，二酸化炭素排出削減のための私たちの取り組みなどほとんど役に立たない．気候システムへの人類の影響は，地球システムそれ自体が引き起こす温暖化フィードバックと比較すると，実はたいしたものではないからだ．たとえば，北極圏の土壌の上部50センチメートルに含まれる炭素が放出されると，それだけで，産業革命が250年前に始まった以降に人類が排出した全炭素量を超過してしまう．

　私たちは，かつて大きな地球の小さな世界に住んでいた．いまや，私たちは，小さな地球の大きな世界に住み，地球に大きな影響を与えながら暮らしているのだ．

　それゆえに，プラネタリー・バウンダリーを尊重しなければならないのである．

第3章
大きなしっぺ返し

2012年7月，グリーンランドの巨大な氷床で驚くべきことが起きた．ある氷河専門家は，恐れていた「悪夢」だと述べている．観測史上初めて氷床全体が融けていたのだ．

グリーンランドの沿岸部では，いつも夏に氷が融ける．この時季にイルリサット・アイスフィヨルドから砕けた氷の塊が海へ落ちる様子は，本当に圧巻だ．塊は氷床から離れ，西の海岸沖を流れる無数に連なる氷山を形成する．

しかし，2012年7月，4日間にわたって高気圧が巨大な氷床の上空を覆うと，観測史上初めて氷床全体の97パーセントの表面が浅いぬかるみとなった．その結果，氷床の表面が白から暗い色へ変わり，大気へ劇的な影響を与えることになった．

通常の夏には，氷床の輝く表面は太陽熱の85パーセントを宇宙へ反射する．しかし，先例がない短期間の表層融解で暗くなった氷床の表面は，50パーセント以上の熱を吸収した．これによりグリーンランドは，実質的に地球に対して「クーラー」から「ヒーター」に変わってしまった．

オハイオ州立大学バード極地研究所のジェーソン・ボックスの研究チームは，グリーンランドはおよそ300EJ（エクサジュール，10の18乗ジュール）のエネルギーを，この異常な2週間に大気中に放出したと推計した．全世界の年間エネルギー消費量はおよそ600EJ，最大のエネルギー消費国である米国では約200EJである．つまりこの短い夏の間に，グリーンランドを有するデンマークは，米国と中国を抜き地球の気候に最も大きな影響をもた

湖や河川に都市排水や農業排水からの栄養素や化学物質が過剰に流入すると，腐敗するさいに酸素を消費し尽くす藻類が発生し，生態系を窒息させてしまう．

84   第3章　大きなしっぺ返し

らす国になってしまったのだ．デンマーク人が大量の温室効果ガスを放出したからではなく，グリーンランドの氷床が宇宙へエネルギーを反射しなくなったからである．

　これは早期の警報の一つにすぎない．グリーンランドが限界点に達し，自ら恒常的に温暖化を促す局面に入ったかどうかまだわからない．実際，氷床は2012年以来，同様の劇的な融解を起こしてはいない．しかし，用心すべきは，グリーンランドで同じことがあと数回起きれば，もはや止められない自己補強的な温暖化が起きる可能性があるということだ．ボックスがある記者に語ったように「眠れる巨人が目を覚ましつつある」かもしれないのだ．

　グリーンランドの氷床は，万一すべて融けた場合に世界の海面を約7メートル上昇させ，沿岸部の都市や地域に壊滅的な影響を与えるほどの水を保持している．しかし，2012年の「一時的な」融解が示したように，プラネタリー・バウンダリーを超えることの最大の危険性は，地球環境の突然の崩壊を招くことではない．グリーンランドの氷床をすべて融かすためには何百年，あるいは何千年もかかるかもしれない．むしろ最も危険なのは，上述のようなかく乱が地球の「時限爆弾」に点火してしまうことである．それは，地球のフィードバック・プロセスが，環境への影響を減らす「負」のプロセスから，温暖化を促す「正」のプロセスへ変化することによって起きる．地球はそのプロセスを受け継ぎ，最初の出来事を自ら加速させる不可逆的な変化のきわめて強力なエンジンと化し，自らを別の状態へ押しやってしまうのだ．

　万が一そうなれば，第1章で言及したように地球は私たちの友人から敵に変わってしまう．負のフィードバックによって人的圧力を打ち消す代わりに，地球は正のフィードバックを暴走させ，重大な結果をもたらす．そうなってしまえば，私たちにできることは何もない．

　氷や雪の白い表面が太陽からの熱を宇宙へ反射することは，地球の負のフィードバックの中で最も重要でよく知られている事象のひとつである．このプロセスは，地球の冷却効果を支えることで，地球が現在の安定状態を維持するのを助けている．しかし，大気が暖まるにつれ，予想より早く多くの氷や雪が消失している．2004年から2008年の間，北極海は海氷の42パーセントを失った．これは，専門家たちが早くとも2030年までは起きないと

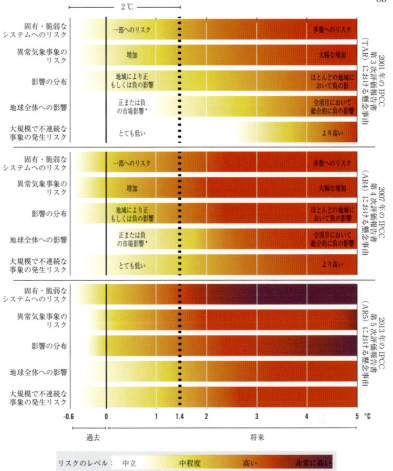

図3.1 増加する地球規模のリスク 地球システムの仕組みが解明されればされるほど，懸念すべき理由が増える．気候科学が進歩するにつれ，ここで示されるリスクのレベルも上昇する．リスクは IPCC の過去の三つの評価結果に基づき，黄から赤の色のバーで示されている．上から2001年の第3次評価（TAR），2007年の第4次評価（AR4），最新の2013年の第5次評価（AR5）の順となっている．グラフにある通り，気候による大災害（各評価の最終カテゴリー）のリスクが高まるのは，2001年の評価では4～5℃の気温上昇段階と想定されていたが，2013年には2～3℃の段階と想定されるようになった．2℃という地球温暖化の上限目標は点線で示されているが，この2℃には，過去（1900～2000年）にすでに生じた上昇分も含まれる．

（＊過半数の人口に悪影響が及ぶ）

考えていた事象である．2007年の夏だけでも，北極海は表面積にして30パーセントの季節的な海氷を失った．世界のほかの地域が1℃の温暖化という現実に対応している現在，北極ではすでに2℃も温暖化した世界に直面しているのだ．

問題は，地球規模の気候変動の爆弾の導火線が，すでに点火されてしまったのかどうかだ．

南極大陸：弱々しい兄貴分？

地球には以前にも暖かい時代があった．約12万年前，いわゆるエーミアン間氷期には，グリーンランドの気温は現在より少なくとも4℃高かった．ときには8〜10℃高いこともあった．沿岸部の海洋化石研究により，この時代における地球の海水面は現在より約4〜8メートル高かったことがわかっている．これは氷床の融解が主な原因であり，グリーンランドが大きく寄与したと考えられていた．

しかし，最近グリーンランドにおける氷床コアの分析から思いがけないことがわかった．コペンハーゲンのニールス・ボーア研究所のドース・ダール＝ジェンセンと「グリーンランド深層氷床コア掘削計画（NEEM）」に関わる同僚が12万年前の氷床コアを調べたところ，グリーンランド氷床は科学者が考えていたほど融けていなかったことが明らかになった．実際，この長く大規模な温暖化の期間を経ても，2.5キロメートル以上の厚みがあった氷床は約400メートルの氷を失っただけだった．以前考えられていたよりもグリーンランドは温暖化に耐性があるのかもしれない．一見，これはよい知らせのように思える．

しかし，新たな問題も提起された．グリーンランドが400メートルの氷を失うことで，海水面上昇に約2メートル寄与したと推測されるが，残りの上昇分2〜6メートルに相当する水はどこからきたのだろうか？　可能性は一つ，南極大陸しかない．

研究者にとって，地球環境の変化に対して脆弱なのは，南極ではなく，つねに北極であった．南極大陸はずっと抵抗力のある兄貴分だと考えられていた．南極の氷床には，すべて融けると海水面を約70メートル上昇させるほどの膨大な水が含まれているが，これは安全に貯蔵されていると思われてい

た．しかし，私たちは誤解していたかもしれない．南極大陸にはこれまで考えられていたほどの回復力がない可能性がある．

最近発表された二つの調査チームの報告書は，まさにそのことを示唆している．それによると，西南極の巨大氷床を支える要であるスウェーツ氷河とそれに隣接する相互に連結したいくつかの氷河が不可逆的に融け始めた可能性がある．2007年以来，これらの氷河から西南極のアムンゼン海へ年間約2800億トンの融氷水が流出している．これはグリーンランド全体からの流出と同規模であり，その量は急速に増加している．

西南極について，これは懸念される転換点かもしれない．海水が温まることで巨大な氷床が下から融かされ，氷床の土台となっている傾斜した岩盤を潤滑にし，氷床が不可逆的に動き，ゆっくり海へと滑り出すからである．現時点でスウェーツ氷河全体が崩壊するのを押しとどめているのは，水深600メートルにある尾根のみである．スウェーツ氷河は，西南極のほかの氷河を保持する巨大な氷の栓の役割をもつと，科学者は考えている．この栓が引き抜かれると，残りの氷河も海に滑り落ちてしまう危険性があるのだ．

もちろん，ドミノのように巨大な氷河の崩壊が一度に起こるわけではない．それは今後200〜500年にわたって起こり，少なくとも3メートルのさらなる海面上昇へつながる可能性が高い．一見，これはペースが遅く，まだ十分に時間があるように思えるかもしれない．しかし，実は最後の審判は今日下されようとしている．南極大陸の運命はいま，私たちが「オン」か「オフ」か，どちらのボタンを押すかによって決まるのだ．一旦転換点を過ぎてしまえば手遅れになってしまう．私たちは，まさにいま現在，地球の将来を決めているのだ．

しかし，南極大陸の氷河の融解ペースを遅らせるためただちに対策を講じても，今世紀中さらに1メートルの海面上昇が起きるのは避けられそうにない．これは，IPCC評価報告書が予測した同期間の1メートルの海面上昇を，追加的に押し上げるものだ．実は，人類はそんなに速いペースの海面上昇に対処するすべを知らない．これらの研究が発表されたさいにペンシルベニア州立大学の氷河学者リチャード・アリーが指摘したように，南極大陸でこの転換が起こることは，ハリケーン・サンディ級の高潮と同等の海面上昇が恒常的にもたらされることを意味する．

地球からのメッセージ……「支払期限」

　これまで，地球システムの驚くべき回復力が，人間に開発の「ただ乗り」を許してきた．とくに1950年代半ばから人間による圧力が大きく加速し，大規模に地球環境を濫用し続けている現代でさえ，地球はとても寛大で，影響を軽減する負のフィードバックによって，人的影響の大半を吸収してきた．温室効果ガスの排出，生物多様性の損失，大気や水の汚染，自然資源の過剰採掘，土地や森林の劣化など人類の相変わらずの所業に対して，大きな反動もなく動いてきた．

　実際，環境モデルを犠牲にした経済成長モデルはうまく機能した．アル・ゴアが指摘したように，私たちは，気候を下水道のように使うことで便益を得てきた．このアプローチは，産業革命に参加した国家に，たちどころに巨大な富をもたらした．より多くのエネルギー利用，より多くの資源利用，より多くの生態系の消費をほとんど無料で提供し，地球が経済成長を援助してくれたからだ．

　しかし，「大規模に地球を濫用する」時代はもう終わった．私たちは，いままでの開発パラダイムの終着点に達した．それは，資源を使い果たしたからではない．また，水資源の枯渇や汚染された空気，あるいは劣化した生態系のせいでもない．それは，私たちが地球にかける圧力が，間違った「オン」のボタンを押してしまう段階にまで近づいてきたからだ．反射性の氷雪が失われたために生じたグリーンランドの急速な温暖化のような，地球が自己補強的な「正」のフィードバックを始動するという「大しっぺ返し」を，何としても回避しなければならない．

　地球のメッセージははっきりしている．代償を払うべき期限が迫っており，赤い警告ランプが点滅している．2009年に私たちの研究チームが示した，世界が安全な機能空間内にとどまるために必要な九つのプラネタリー・バウンダリーのうち，人類は気候変動，生物多様性の損失，地球規模の窒素循環の三つをすでに踏み越えている．森林破壊および都市拡大による土地利用変化，大量の水が必要な食料生産のため持続的に増大する淡水利用など，ほかの閾値も超えてしまうような危機的な状態にある．最近の分析によると，地球規模でのリンの循環も危険な状況にある．

気候変動の状況を考えよう．2014年には，大気中の温室効果ガスの二酸化炭素換算濃度が400〜450 ppm の危険域に達し，地球の気候リスクが高まった．450 ppm の温室効果ガス濃度は地球の2℃の温暖化に相当するという考えを，政治指導者たちはおおむね受け入れている．ただ，多くの科学者はこれが非常に楽観的な仮定だと指摘しており，私たちの研究もその考えを強く支持している．実際，ほとんどのリスク分析は，2℃の気温上昇を回避するために，より低い温室効果ガス濃度で大気を安定させる必要があることを示している．いずれにせよ，2℃の上昇が破滅的な転換点となる限界であるという認識では一致しているのだ．

　もうその限界に達し，大気を限界まで二酸化炭素で満たしてしまったのに，私たちはまだやり方を変えようとしていない．コリーヌ・ル・ケレ率いる「グローバル・カーボン・プロジェクト」の国際プラットフォーム「フューチャー・アース」の科学者チームによると，地球における炭素の排出量は2014年に急増した．2013年には，360億トンという史上最大量の二酸化炭素が排出された．そして排出量は，2015年までに400億トンの壁を超えるだろうと予測されている．私たちは，今世紀末までに4℃の温暖化をもたらす道を歩んでいるのだ．

　2℃の気温上昇でさえ人類は非常に危険な領域に踏み入ることになると考えられる中，4℃は論外である．直近で2℃の気温上昇があった12万年前には，海水面は現在より4〜8メートル高かった．地質学的に見た過去の地球の状態に照らし合わせると，4℃の温暖化が起こると，人類に必要な食料を供給することも，ましてニューヨークやシドニーなどの都市を維持することも不可能となるほどの危機をもたらす．

　このような予測は，生物圏の巨大な炭素吸収機能によって地球の回復力が継続し，そこには転換点がないという楽観的な仮定に基づいている．したがって，予測は控えめなものであることをつねに肝に命じなければならない．壊滅的な結末の可能性を前にして，今後，私たちはいままで想定外だったことまで考慮する必要がある．

　私たちを待ち受けるのは，どんな世界だろう．徐々に美しさを失う世界か？　脆弱になっていく地球か？　石油や金属などの資源が枯渇し，食料や飲料水などの生態系サービスがさらに不足し，生活にもっとお金のかかる世

92 第3章 大きなしっぺ返し

界か？ あるいは，きれいな空気のような健康条件を確保するのが一層困難
になる世界だろうか？ 地球上の安全な機能空間を使い果たしたとき，私た
ちはこのような代償を支払わなくてはならないのだろうか？

崖っぷちの生物多様性

地球規模の突然の変化をもたらす閾値を超えると起こる「大しっぺ返し」
は，気候システムに限った話ではない．地域の湖から森林やサンゴ礁まで，
多くの生態系も，転換点をもっていることが膨大な実証的証拠からわかって
きている．長い間安定状態にあったこれらの生態系は，不意に別の状態へ転
じてしまうことがある．

たとえば熱帯雨林は，森林破壊および気候変動による圧力によって突然サ
バンナへ変わり，その新しい安定状態に固定され得る．ある安定状態を維持
するために，生態系はその状態を強化するフィードバックを必要とする．熱
帯雨林におけるそのフィードバックとは，その広大な林冠により自己生成す
る湿度と降雨である．しかし，熱帯雨林が伐採によって切り開かれ大気が暖
まると，生態系は徐々に乾いていく．その回復力は失われ，やがて閾値を超
えて，自ら湿度を作り出すフィードバックから自ら乾燥を作り出すフィード
バックに転じてしまう．突然，乾燥した空気が開かれた林冠の間を流れるよ
うになり，かつてシステム内に保たれていた湿気を蒸発させる．樹木の根か
ら吸い上げられる水の量が減り，降雨が減少する．そして，システムは自ら
乾燥を強化するようになり，サバンナ状態が固定化する．

ストックホルム・レジリエンス・センター（SRC）が調査した生態系にお
ける転換点がほかに二例ある．一例めは硬質サンゴ生態系で，海洋の温暖化
や栄養素の過剰負荷，魚の乱獲により崩壊し，軟質サンゴ生態系や海草ばか
りの岩礁に様変わりすることがある．二例めは湖や湿地，川，地下水システ
ムで，農場や市街地からの廃水で窒素やリンの負荷が過剰になった場合，藻
類の大量発生や無酸素状態が突然引き起こされることがある．

前ページ：インドのマディヤ・プラデーシュ州で農民が森林を焼き土地を開墾し
ている．焼畑農業は健康被害や降雨パターンに影響する地域規模の大気汚染を引
き起こす．

ある生態系の回復力に寄与してその現状を維持するすべての要素のうち，恐らく最も重要なのは生物多様性であろう．サメやオオカミ，ライオン，タラといった最上位捕食者，もしくはブダイやニザダイなどの重要な草食者が生態系から取り除かれると，食物連鎖全体のバランスが崩れて転換点への引き金が引かれ，生態系が突然異なる状態へ変化することがある．同じことが地球にもいえる．生物多様性は，地域的な生態系を制御するプラネタリー・バウンダリーとして「ボトム・アップ」式に作動しており，多数の生態系が同時に崩れると地球規模の問題となる．地球全体の安定性は無数の安定した生態系に依存しているのだ．そしてそれらの生態系は，土壌細菌から授粉者や捕食動物までさまざまな機能をもつ生物群全体の豊かさに依存している．

　私たちが 2009 年にプラネタリー・バウンダリーの分析を発表して以来，生物多様性は「トップ・ダウン」式にも地球規模の転換点となるということが明らかになってきた．カリフォルニア大学バークレー校のアンソニー・バーノスキー率いる研究グループによる最近の分析によると，現在のペースで生物多様性を失い続けると，今世紀半ばまでに地球規模の転換点を迎えるかもしれない．人口増加や自然生態系の広範囲の破壊，そして気候変動の複合的圧力は，地球の生物圏を不可逆的な変化の方向へ追い立てつつある．また，これは多くの農業システムの崩壊につながる可能性もある．というのは，農業は肥沃な土壌を作る微生物などの生物種と種子や果物の生産に必要な授粉者とのバランスのとれた構成に依存しているからである．そのような地球規模の転換は，適切な対応が取られなければ，人類を養うための食料供給能力の弱体化など，とてつもなく破壊的な影響をもたらす．

サンゴ礁：気候変動における「炭鉱のカナリア」

　海洋で何が起こっているかを知りたければ，サンゴ礁に注目するとよい．「海の熱帯雨林」とも称されるサンゴ礁は，生物学的に豊かで生産的な多様な生態系を支えている．また，環境変化に非常に敏感なため，気候変動における「炭鉱のカナリア」ともよばれる．海洋で起きる何らかの変化はしばしばサンゴ礁で最初に観察される．

　近時，各地のサンゴ礁は重大な危機に瀕している．インドネシアの西パプア州ラジャアンパット諸島沖を含む世界で最も豊かなサンゴ礁の数々でさ

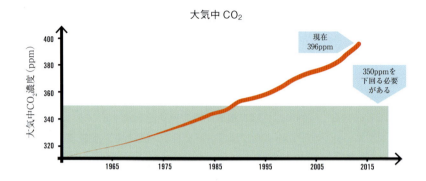

図3.2 大気中の二酸化炭素（CO_2） 気候に関するプラネタリー・バウンダリーは，CO_2濃度 350 ppm に設定されている．これは，現在の地質年代より暖かい条件下における氷床の挙動や現在の 400 ppm 近い CO_2濃度で観測される気候システムの挙動について，大気中の温室効果ガス濃度が増加すると気候システムがどう反応するかを分析した結果に基づいている．図が示すように，私たちはすでに気候変動の限界値を超え，危険域に入っている．したがって，気候に関して安全な機能空間に戻るためには，増え続ける CO_2濃度グラフの向きを修正するだけでは不十分であり，大気中から CO_2 を取り除くことも必要となる．

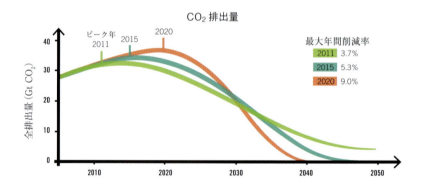

図3.3 地球の気候のバウンダリー内にとどまるには，限られた炭素排出量（バジェット）の範囲で活動しなければならない 気候に関する安全な機能空間内にとどまるようにするためには，今世紀半ばまでに世界経済を脱炭素化することが必要となる．全世界の CO_2排出量が減少に転じる時期が早ければ早いほど，安全な機能空間に戻るのが容易となる．2020 年までに CO_2排出量を減少に転じるよう行動しないと，きわめて困難な年9パーセントのペースで排出量削減を行う必要が出てくる．

え，地球環境の変化の影響を受けつつある．汚染や乱獲の影響がないこれら
の場所でも，水温上昇がサンゴの白化現象を引き起こしている．白化現象
は，サンゴ組織内に生息しサンゴの鮮やかな色のもととなる微細藻類が失わ
れることにより生じる．

　ほんの数週間，海水温が通常より1〜2℃高い状態が続くだけで広範囲の
白化現象が発生する．温室効果ガス排出による熱量増大の95パーセントは
海に吸収され，気候変動が深刻化する白化現象の主要な要因となっている．
さらに，ヒューストン大学のダニエル・F・グリーソンおよびジェラルド・
M・ウェリントンが20年前に報告したように，多くの場合，より強い太陽
放射が合わさって白化が生じる．彼らが白化を確認したカリブ海のサンゴ礁
では，高い水温に加え，平均より高い強度の紫外線放射にさらされていた．
では，この紫外線放射の増加の原因は何だろう．おそらく，産業や生活から
排出されたクロロフルオロカーボン（CFCs）やその他の化学物質によって
成層圏オゾンが薄くなったことが，その原因である．

　豪州のグレート・バリア・リーフでも問題が起こっている．そこでは，過
去20年間にサンゴによる健全な石灰生成が14パーセント減少している．水
温の上昇がストレスとしてサンゴに一定の影響を与えるとされる一方，岩礁
サンゴの炭酸カルシウムの骨格作りを困難にしているもう一つの要因があ
る．それは海洋の酸性化である．

　人間によって大気中に排出された二酸化炭素のほぼ三分の一は海洋に溶け
込む．そこで，二酸化炭素は炭酸を形成し，その炭酸が海水のpHを下げて
より酸性にする．すると今度は，サンゴが骨格を育てるのに必要な水中の炭
酸イオンの濃度が減少する．だから，海洋酸性化を野放しにすると，サンゴ
の骨格およびサンゴ礁が消失するおそれがあるのだ．

　ラジャアンパット諸島のような手付かずのサンゴ礁に比べ，魚の乱獲や汚
染により弱体化したサンゴ礁は，水温上昇や海洋酸性化が進む環境で生き延
びることが難しい．近隣や外国からの漁船によってサンゴ礁で魚の乱獲が行
われて草食性の魚が減少すると同時に，肥料やほかの汚染物質が含まれる排
水が軟質サンゴや海草の成長を促進する．この組み合わせによって，サンゴ
礁は決定的な打撃を受け，非生産的な状態へ転じてしまう．対照的に，生物
多様性を良好に維持するサンゴ礁は，気候変動の影響から回復する可能性が

98   第3章 大きなしっぺ返し

高い．結局，回復可能で多様なコミュニティこそが，「大しっぺ返し」に対する最良の防御となるためだ．

青天の霹靂？

人類がもたらした新たな人新世において，九つのプラネタリー・バウンダリーのプロセスが，地球に巨大な圧力をかけていると認識するだけでは不十分である．また，地域レベルで起こることが，直接に地球レベルの事象へ影響を及ぼすことや，反対に地球規模の変化が地域の問題へ影響を及ぼすことを理解するだけでも不十分である．転換点を踏み越えたときには，これらのさまざまなレベルのプロセスが相互に作用し，予期しない結果に結び付き得ることを認識する必要がある．

たとえば，先端技術を備えた漁船を欧州の水域から追い出すために，EUが最近行った漁業政策の変更が，世界最悪のエボラ・ウィルスの流行につながる事象の連鎖を起こすと予測した政治指導者はほとんどいなかった．EUの漁獲量割り当てが厳しくなったので，さまざまな国から来た漁船団は西アフリカ沿岸に活動域を移動させ，大量の魚を乱獲した．この地域では，気候変動や汚染，地域の漁業の不適切な管理によって，マングローブ林や藻場，サンゴ礁がすでに劣化していた．それらが複合的に影響して，アフリカの漁民の漁獲量は急激に減少した．そして，食料不足に直面した漁民は，家族を養うために野生動物を獲るようになった．彼らは，エボラのような人獣共通感染症をもつチンパンジーをはじめとする森林動物を多く捕獲するようになり，地域の取引状況が変わった．リベリアやシエラレオネ，セネガル，ギニア，ナイジェリアでのエボラの現在の流行は，森林地帯で，子どもがウィルスに感染した野生動物の肉と接したさいに始まった可能性がある．その子どもがほかの人々にエボラを広げることになったのは，相互に結び付いた世界ではさまざまな影響があちこちに拡がるからだ．もはや，そのような世界では，西アフリカの森林とEUの立法機関を別々のものと考えることはできない．

前ページ：ボルネオの低地における熱帯雨林の75パーセント以上はパーム油プランテーションを作るために伐採された．

同様に，予期しなかった出来事が連続して，2010～2011年の「アラブの春」が起こった．それはロシアでの熱波から始まった．甚大な山火事と長期にわたる渇水により，プーチン首相は小麦などの主要穀物の輸出を制限した．12年にわたる渇水に苦しんでいた豪州のラッド首相も同様の措置をとり，世界市場での大規模な投機もあって，世界的に食料価格が急激に上昇した．農業において重要な肥料であるリンの国際価格が3倍に上昇したことや，原油価格が100パーセント跳ね上がり，農民の負担するエネルギー費用が押し上げられたことも不利に働いた．その結果，北アフリカと北東アフリカ（「アフリカの角」地域）の多くの首都で，食料暴動が発生した．チュニジアの露店商モハメド・ブアジジが警察の対応に抗議するべく焼身自殺を図ったことで，国際的な革命運動へと事態は急展開した．数十年間の抑圧的な独裁政治の後，各国で次々と苛立った若い活動家たちが老いた独裁者に向かって立ち上がり，政権がドミノのように倒れ始めた．地球環境が世界の食料市場で食料価格の急上昇を引き起こし，それが引き金となって一般市民の間に社会不安が生じ，さらに専制的な抑圧に不満だった若い世代の蜂起と相互作用したのである．ロシアで発生した熱波が，アフリカで社会や環境を揺るがす大混乱を引き起こしたのである．

こうした遠く離れた相互作用が人新世における新しい現象である．オハイオ渓谷の石炭発電所やノボシビルスクの工場など，ある地域における人間活動が，温室効果ガスによる温暖化など地球規模の環境変化を引き起こし，それがまた，北極海の海氷融解など，別の地域で大規模な地球制御システムの驚くほど急激な劣化を招く．いまや，欧州や米国，中国の労働者の通勤方法が，サヘルの農民の生活を左右する降雨の確率に影響し得る．東南アジアの国々の熱帯雨林の管理方法が，欧州での熱波の頻度や狩猟で生計を立てる北極のイヌイット族に影響し得る．これらはさらに地球規模の変化を増幅するフィードバックを引き起こし，連鎖が起こった最初の地域にブーメランのように影響が戻ってきたり，あるいは何も悪いことをしていない別の地域に影響を及ぼしたりするのである．

世界は網の目のように相互に接続している．人新世に生きる人類は地域社会の社会的・経済的な豊かさを確保する戦略を検討するさいには，あらゆる陸域や海域からなる生物圏におけるすべての生物群のことを考慮しなければ

将来におけるサンゴ礁の白化事象の頻度

2030

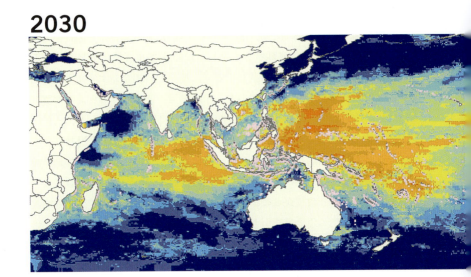

2050

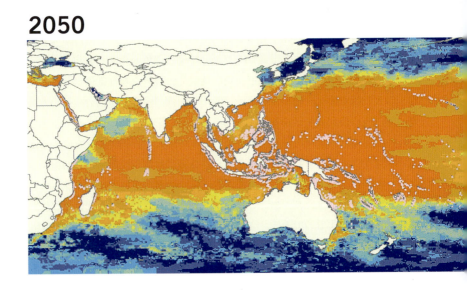

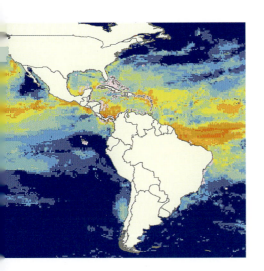

図3.4 サンゴ礁白化の予測 この地図は，2030年代と2050年代に起こるサンゴ礁白化を起こす事象の予測頻度を示す．サンゴは水温が高すぎる状態が長く続くと「白化」する．色はそれぞれの10年間のうち，米国海洋大気庁（NOAA）が定義した白化警戒レベル2（厳しい水温ストレス）が生じると予測される年数の割合を示す．

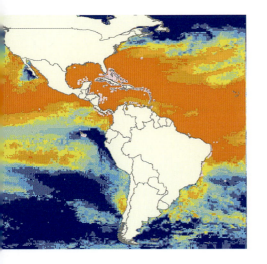

 サンゴ礁

0-10
11-20
21-20
31-40
41-50
51-60
61-70
71-80
81-90
91-100

ならない．「大しっぺ返し」に直面している世界において，全生物圏をどのように管理していくのかは，世界コミュニティの一員であるすべての国家，すべての人々の関心事となったのである．

103

母親が密猟者に殺されニャル・メンテン自然復帰支援センターに保護されたオランウータン．

第4章
あらゆるものがピークに

　世界中で，資源が危機的に足りなくなりつつある．銀や金，鉛，亜鉛，ス
ズ，銅，ニッケルなどの重要な金属類はこの 50 年内に足りなくなるだろう．
それだけでなく，原油，天然ガス，リン，希土類元素のような経済活動に
とって必須の資源も底をつきつつある．これらの資源の発見と採掘は一層困
難になっており，産業界は，環境をより汚染する低純度の資源を開発するこ
とに注力せざるを得ないため，経済にも生態系にも一層のストレスを与える
ことになる．それにもかかわらず，これまでの経済プロセスに沿った，地中
から資源を取り出し最後にごみとして捨てるといった持続不可能な「直線的
な」やり方で生産と消費を続けるならば，やがて気候システムと生物圏の両
方において危険な転換点を迎えることになる．

　資源の問題が非常に深刻なのはこのためである．

　世界で起きている金属資源の不足の背景を理解するために，きわめて高い
インジウム需要について考えてみよう．インジウムは，柔らかく展性に富む
有毒な金属で，美しい光沢をもち，薄型テレビやノートパソコン，タブレッ
トの液晶画面の製造のため，いまやかつてない量が消費されている．インジ
ウムの消費量は世界の生産量をすでに上回っており，2006 年から 2009 年に
かけてその価格は 10 倍に跳ね上がった．まだ地殻から相当量のインジウム
を採掘できると楽観的な声もあるが，そうであるとしても，インジウム濃度
の低い鉱脈がほとんどであり，抽出はコストに見合わず，生態系に甚大な影
響を与える．また，代替素材の発見に期待しても，実際は，その開発と実用

　イタリアのローマのような人口の密集した都市でも，すべては自然から供給され
　る．世界中の人々がますます豊かになることで，自然資源に新たな負荷がかか
　る．

化には長い年月が必要だろう.

インジウムの需要の増大からわかるように, 技術が進めば金属への依存度も高まっていく. たとえば, コンピュータのチップや薄型テレビの液晶画面, 携帯電話のスクリーンといった便利な機器を作るのに, 50種類もの金属が用いられている. 世界中とつねにつながっていられる今日の社会は素晴らしいが, デジタル機器の数々とその製造に必要な資源との関係に目を向ける人はほとんどいない. 加えて, 消費者の数もかつてないほど増えている. とくにアジアや南米における中間層の増加はめざましく, 2030年までに30億人に達するとの推計もある. 彼らの金属消費パターンは, 欧米諸国の中間層消費者と類似しており, 「金属集中消費型」のデジタルでエレクトロニックな生活様式になりつつある. 今日, 地球上に存在する人の数とほぼ同じ68億台の携帯電話が使われ, 1秒に10台のコンピュータ, 20台の携帯電話が売れている. その結末として起きるのは, 深刻な金属資源の不足である. 電子デバイスの資源効率を上げて持続可能性を保とうとしても, デバイスの数の増加は効率の上昇をはるかに上回り, 持続不可能な状況を地球規模でますます推し進めることになる.

地球上のすべての人が, 平均的な先進国の市民一人あたりの半分の量を消費すると, 経済的資源となる主要鉱物は一体あとどのくらいもつだろうか? その答えからは警鐘が聞こえてくる. 数年前の推計によると, たとえばアンチモンという金属はあと10年で底をつく可能性がある. 銀は5年以内になくなる. そしてインジウムは, 代替素材が開発されるか再利用が進まない限り, あとほんの数年分しかもたない.

以前タンタリウムとよばれていたタンタルは, 硬く光沢がある青灰色の遷移金属で合金の成分として広く使われ, 携帯電話やほかの電子機器のピンヘッド・コンデンサーに多く用いられている. この金属の採掘に関連し, コンゴ民主共和国で1998年から2002年にかけて武力衝突が起き, 悲劇的なことに何百万人もの人が亡くなった. この内紛は, 携帯電話の普及によるタンタル価格の上昇と同時期に起こっており, アフリカ最大のタンタル鉱山を含むコンゴの鉱山資源の利権争いが衝突の主な理由であったと考えられている.

市場におけるもう一つの紛争の火種は中国の存在である. 中国は希土類元

あと何年もつのか？

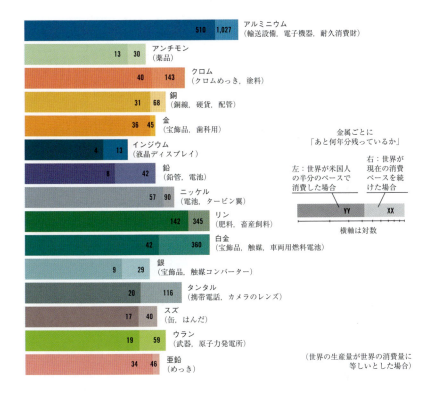

図 4.1　世界的な金属資源の不足　今日の世界が求める機械類やデジタル電化製品に使われる金属資源への需要は増え続け，入手可能な資源が枯渇しつつある．需要はそれぞれの金属がピークを迎える速度に影響する．地球上のすべての人が，米国人一人あたりの半分の金属を消費すると，現在手に入る金属資源は20〜30年後には枯渇するだろう．この結果，金属価格が上昇し乱高下しやすくなるだけではなく，価値のある自然資源が地政学的不安因子になるおそれも高まる．これを解決できるのか？　そのためには，効率性を飛躍的に高め，社会とビジネスの両面で循環型モデルに移行する必要がある．

素の93パーセントを供給しているが，それに加えてアフリカの希土類鉱山への投資を強化し，さらにはハイテク廃棄物を買い占めて希土類元素を回収している．もし，中国が希土類の供給をやめたらどうなるのか？ 2010年9月，日中間で外交問題が起きていた間，中国税関が希土類元素の対日輸出を許可しなかった．この事案はすぐに解決されたが，世界の希土類元素の消費量は増え続け2015年には2010年の5割増しとなる中，こうした地政学的リスクもあるために，一層多くの国が金属資源のピークの問題を深刻に受け止め始めている．

このように，地球上のすべての人が先進国並みの生活水準を満たそうとすれば，少なくとも現代の技術やビジネス・モデルでは，もはや十分な量の主要金属は残っていないのではないかとの不安が広がっている．近い将来，生産の現場における新しい技術開発は，後で原料不足に悩まないよう比較的手に入りやすい原料を用いるものに制限するしかなくなるかもしれない．循環型経済や「ゆりかごからゆりかごへ」型手法を取り入れた新しいビジネス・モデルも必要になるだろう．そこでは，資源を際限なく採掘するのではなく，使われなくなった製品から回収した資源の再利用が経済成長を牽引するのである．

石油や石炭，リン酸塩とは異なり，金属はそのままの状態で使われることが多く，消失するわけではない．このため，幸いにしてリサイクルが可能であり，最終製品から回収できる．原鉱の入手が一層困難になり，エネルギーや環境，さらに社会の観点から見た採掘コストが増大し続ける中で，金属のリサイクルは採算の合うものになりつつある．とはいえ，持続可能な生産レベルを維持するためには，ほとんどの金属のリサイクル率を現状から90パーセント以上に引き上げる必要がある．現状のリサイクル率は，銀が16パーセント，スズが26パーセント，銅が31パーセント，ニッケルが35パーセント，金が43パーセント，アルミニウムが49パーセントである．たとえば，産業界で銅の利用効率を上げてリサイクル率を95パーセントまで引き上げることができれば，銅の供給はこの先600年間安泰になるだろう．

前ページ：ベトナム．都市域はこの先，持続可能で繁栄する環境になれるのか．それとも，増え続ける廃棄物や水不足，汚染のために破壊されてしまうのか？

現状ではあと31年分しかもたないと予測されている.

水圧破砕による石油・天然ガス採掘の問題

ここで「石油のピーク」について考えてみよう. ほかの資源と同じく, 石油のピークとは, 石油の世界的な生産量が頂点に達し, その後枯渇に向けて減少し続けることを指す. 気候変動に関する1980年代後半の初期論争のように, 石油のピークについても長い間賛否両論があった. 当初は, 巨大な権益の既得権維持をもくろむ強大な一派が優勢で, 石油のピークに関する証拠に疑問を投げかけたり, 科学的な事実をねじ曲げて伝えたりして, 人々の間に不安や混乱の種をまこうとした.

今日, 石油のピークに疑義をはさむ声はもはや存在しない. 当初, わずかの科学者の中だけで始まった石油のピークに関する議論は, いまや石油メジャーや世界の研究機関が支持する主流の考え方になり, エネルギー業界自身が知見を提供し世界に広めている. たとえば, 一貫して石油のピークを軽視してきた国際エネルギー機関 (IEA) であっても, 「世界エネルギー展望2010」において, 石油生産は2006年にピークに達した可能性が高いと認めている. IEAは近年, 石油のピークの正確な時期は, 石油の需要と供給の変動によると主張している. IEAはそれを踏まえ, 原油生産がピークに達すれば, 石油企業は液化天然ガスか, またはオイル・サンドやシェール・オイル, 液化石炭など新規の石油生産方法に向かうだろうと予測した. ただし, これらの石油代替物は, 原油よりもはるかに環境を汚染し, 地球の気候にとってもより危険なものだ.

残念ながらIEAの予想は当たり, 私たちの経済発展と技術革新の限界となるプラネタリー・バウンダリーを明確にする必要性を証明する結果になった. プラネタリー・バウンダリーなしでは, 私たちは, 旧来の技術ややり方を更新するだけで, 崖から落ちるまでスピードを上げて突進してしまうだろう. つまり, 石油に関していえば, 石油不足を補おうとして, より効率が悪く気候への負荷が高い代替策に飛びついてしまうのだ.

近年米国では, ノースダコタ州やモンタナ州, テキサス州などでシェール・オイルの採掘が盛んとなり, いまや約15万か所の新しい油井から世界の原油産出量の10パーセント以上を供給するまでに至っている. 石油会社

は，水圧破砕法いわゆる「フラッキング」という手法を用いて，地下約3000メートルの固い地盤から石油を絞り出すのに少なくともこの10年で1兆米ドルを投資している．この方法での石油採掘には，油井ごとに100万ガロンの水・砂・化学物質の混合物の注入が必要である．フラッキングによって国内石油供給の拡大努力が実ったことで，シェール・オイルは米国経済を再生し，エネルギー自給率を引き上げ，そして製造業のエネルギー・コストは減少したと主張する者もいる．

　しかし，現実はそれほど楽観視できない．フラッキングで開発された油井は，従来の油田よりもずっと短期間で生産が尽きてしまう．平均的なシェール・オイルの油井はわずか3年で生産のピークに達するため，石油会社は生産量を保つために次々に新しい油井を掘り続けなければならなくなる．加えて，シェール・オイル油井の収益性は従来の油井よりも大幅に低い．また，化学物質による地下水汚染から温室効果の高いメタン・ガスの大気中への放出まで，シェール・オイル開発による環境破壊は重大である．これらすべての要因により，専門家は，米国のシェール・オイルのブームは今後10年ももたないだろうと分析している．

　無論，石油のピークは，石油の完全な枯渇を意味するものではない．意味しているのは，ピーク以降はどう努力しても石油の生産効率を上げられなくなることであり，廉価な石油が早晩なくなることである．したがって，問われるべきは，世界経済はあと何年「化石燃料の安い時代」でやっていけるのかということだ．実際，この30年間に新たな油田はほとんど見つかっておらず，今後見つかる可能性はそれ以上に乏しい．すでに産出量が大幅に減少している油田地帯もある．長期的に見れば，石油資源の不足ゆえのみならず地球の回復力を保全するためにも，世界は再生可能エネルギーに移行し始める必要があることは明らかだ．

　結局のところ，石油や石炭，天然ガスの利用をやめるべき最も切迫した理由は，温室効果ガスの削減である．気候変動の限界値を超えて地球環境に与える危険な影響を回避したいのであれば，各国は化石燃料に頼った経済活動を2050年までに卒業し，大気中の二酸化炭素濃度を350 ppm以下に抑えなければならない．そうなれば，人類史において，石油の時代は文明発展のほんの短い一過程として記録されるのかもしれない．

リンのピーク

　21 世紀に私たちが抱える問題は，石油と鉱物のピークだけではない．リンの枯渇もそれ以上に深刻な問題になる可能性があり，何十億もの人々にとっての農業生産と食料安全保障が危機にさらされるかもしれない．

　現代の農業は，リン鉱石を採掘して作られるリン酸肥料に依存している．しかし，リンの採掘可能量が減少し始める「リンのピーク」は，間近に迫っているか，すでに起こってしまった可能性があるという専門家もいる．彼らの研究によると，あと 50 年から 100 年の間にリン鉱石から採れるリンの埋蔵量は枯渇する可能性がある．このような予測は議論の余地があるが，リンは代替物のない有限の資源であるため，遅かれ早かれ足りなくなるだろう．リンがリサイクル可能でもあってもそれは避けられないことである．というのも，使用後のリンは，ほとんどが淡水や沿岸海域の底の沈殿物中に堆積しており，リサイクルが困難でそのコストも高いからである．すでに世界各地で肥料用のリンが不足している．アフリカは，世界最大のリン鉱石の輸出者だが，皮肉なことに，食料不足が最も深刻な大陸でもある．

　リンの不足に苦しむ地域がある一方，ほかの地域では過剰に使われてしまい，湖沼や貯水池，河川，沿岸河口部で，藻類の異常繁殖による有毒化や無酸素化，魚の大量死などの問題を引き起こしている．リンが水中に過剰に存在する場合，ほとんどが土壌侵食や農業排水によってもたらされているが，一部は十分な処理がなされなかった生活廃棄物に由来する．そのようなわけで，第 2 章で説明したプラネタリー・バウンダリーの一環として，有毒な藻類の大発生や大規模な酸欠水域を起こさない範囲で使用できるリンの最大の採掘量について提案したのだ．

　リンは枯渇しつつある資源であるとともに，農作物の生産に必須の養分の一つである．また同時に，使用量の 8 割は人が食べものとして消費するわけではなく，主要な環境の汚濁源となっている．つまり，無駄に排出され，水中生態系や淡水資源，沿岸部に重大な悪影響を与えているのだ．世界のリンの 90 パーセントは，中国やモロッコ，南アフリカ，ヨルダン，米国の 5 か国が生産している．もしリンの生産がピークを迎えれば，地政学的な問題が確実に生じるだろう．米国企業は，モロッコが西サハラを実効支配して地域

のリン鉱石資源を牛耳っている中で，同国から大量のリン鉱石を輸入している．この西サハラで生産されたリンの貿易は，国連から非難されている．

　差し迫ったリンのピークによる問題を解決し，リンのプラネタリー・バウンダリーを踏み越えないようにするには，多くの専門家が指摘するように，農業用地の利用の仕方，食料の分配と消費，そしてし尿処理におけるリンの取り扱い方法を変えなくてはならない．農業においては，リンの使用は作物の生育に必要な量にとどめ，リンが豊富な土壌の侵食は最小限に抑えなければならない．肉の消費量を減らせば，リンの廃棄量も減らせるだろう．さらに，人の排泄物はリンを多く含み，肥料としてリサイクルできる．たとえば，人ひとり分の尿に含まれるリンは，一人分の食料供給に必要な肥料の量とほぼ同じであることがわかっている．

　サハラ以南のアフリカにおいて，生産的でエコロジカルなし尿処理方法が導入されれば，肥料を自給できるという試算もある．これによって，小規模農家が使う肥料は十分賄えるだろうし，また食料安全保障や農家の収入増加の機会にもつながる．つまりは，リンは枯渇しつつある資源であり大切に使いリサイクルすべきであると認識することで，サハラ以南のアフリカは，十分な肥料と汚染されていない水とを同時に確保できるのだ．これはアフリカに限らず，欧州や米国にも通じることである．

何のピークも恐れなくてよい世界

　あらゆる資源のピークが目前に迫れば，資源の取り合いや価格の乱高下が起きる．そのような近未来において勝者となるのは，循環型の生産サイクルや再生可能エネルギー資源，そして顧客や市民とのライフ・サイクルを通じたサービス重視の関係構築へと移行することで，自らを突然のショックから守る国家やビジネスかもしれない．反対に，環境破壊的で不健康，効率が悪く，ますます魅力を失っている現行の成長モデルに執着し続ける企業は，取り残されていくであろう．

　第7章でさらに詳しく述べるが，本書では，新しいリーダーシップや改革，技術革新のきっかけを作り，人々のものの見方を変えたいと考えている．本書が思い描く世の中は，持続可能でない非効率的な資源の使い方をしている現在の世界とはまったく異なるものだ．それは，今世紀の半ばには

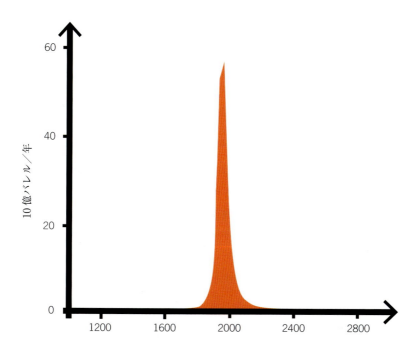

図 4.2 石油の時代　1億年をかけて地殻内部に蓄積された石油を人類は 250 年あまりで使い果たそうとしている．人類が安価で容易に手に入る巨大なエネルギー源である原油を基礎にかつてない驚異的な繁栄をとげたこの時代は，上図でオレンジ色の急な山形で表されている．

90 億人に，2100 年までには 110 億人に達する人々の夢をかなえることのできる，生態系の豊かさと十分な回復力を保った世界だ．それは，資源を循環させ，富栄養化を回避し，希土類元素を含む資源の過剰使用にも生態系の劣化にも歯止めをかけることによって実現される．

　私たちが思い描く世界は，資源とエネルギーの利用に対し，新しい技術や環境負荷ゼロのシステムを推進する効率的で最新式のものだ．その世界では循環型経済が実現し，企業は社会的で生態学的な倫理規範をもって自然資源をリサイクルする「ゆりかごからゆりかごへ」のシステムを中心として活動する．このような世界観の変化が起きれば，資源が採取され公害の原因物質や汚染廃棄物として処分されるといった「環境に対して思い上がった」循環的ではない今日のやり方は廃止されるであろう．このような変化は徐々に起きつつあるが，さらに進める必要があり，その実現には循環型の思考様式を社会やビジネスの遺伝子に組み込まなければならない．モノは使い終わったら捨てればよいというこれまでの概念を，物質を循環させることで豊かさと繁栄を作るシステムに置き換えるよう努力すべきである．

　そのような世界では，なくなっていく自然資源を掘り，掘削し，採掘する必要はないだろう．世界中で資源が不足するという概念自体が時代遅れとなるだろう．

次ページ：サンゴ礁の魚は沿岸の小さな漁村の生活の糧である．モザンビークの
バミジ島の浜辺で干物を作っている．

第二部
考え方の大きな変革

　目を覚ます前から彼らの声が聞こえる．蝉，蛙やフクロウの鳴き声．ヨタカはまだ夜の賛美歌を歌っている．暗いボルネオの熱帯雨林の中で，無数の声が代わるがわるコーラスを奏でている．もう聞き慣れた声も多いが，主がわからず想像をかきたてるだけのものもある．旋律を奏でる美しいものもあれば，まるで奇妙な SF 映画の音楽のようにファンキーで機械音のように聞こえるものもある．

　まだ真っ暗な中，テントから出て木の隠れ小屋までそっと歩く．約 300メートル先の樹上のねぐらで眠っているオランウータンの親子を驚かせないように気をつける．大きなフタバガキの木まできたら，登山ベルトを身に着けて登山具に固定し，太く大きな幹を登り始める．湿った大気の中を蛍が飛んでいる以外には，まだ何も見えない．私のクライミング・ロープには，いつもなら曲がりくねったツルやツタを登っている一団のアリが一緒だ．

　私は，ロープが結び付けられた一番上の太い枝にたどり着き，地上 56メートルの高さに掛けられた木のデッキの上にゆっくりと登り立つ．そこにはカモフラージュ用ネットと緑色の防水シートで覆われた隠れ小屋があり，実のなった大きなイチジクの木と向かい合っている．私は，そこでもっとオランウータンやテナガザル，サイチョウ，大型のリスの写真を撮りたいと思う．カモフラージュ用ネットを通して見ると，空は少し明るくなってきているようだが，流れる鉛色の雲はまだほとんど識別できない．

　もうまもなく，ここから反対方向にある尾根でテナガザルが次々と鳴き始め，その後クジャクが鳴き始めるはずだ．これは太古の昔から毎朝行われてきたことだ．クジャクの鳴き声があるのは，森の生態系が良好な状態にある証拠だ．森が伐採されて細分化されると，木々はストレスを受けて実や種をつけるのをやめる．多くの種が依存している生態系が崩れ，鳥は姿を消す．

クジャクのいない森は，不安定な生態系システムなのだ.

　最初にボルネオを訪れたのは 1988 年，当時私は 20 歳だった．巨大な樹木の茂る森の中を歩きだしたときは，まるで大聖堂に足を踏み込んだように感じた．それ以降 30〜40 回はボルネオを訪れ，論文や本を執筆したり，ドキュメンタリーを作成したりしてきた．ここは，私にとって豊かな命に溢れた小さな奇跡の地だ．どこを見ても何か特別なものを見ることができる．私はムチヘビが好きだ．木の上でトカゲを狙うときには，風に揺れるツル草のふりをして前後に揺れて，たいそう美しい.

　しかしボルネオは変わった．島のあちこちが以前のようではなくなった．パームヤシや穀物のプランテーションを開発するために，おそらく 75 パーセントにも及ぶ多くの熱帯雨林が消え失せた．立ち入りが禁止されていたはずの場所でさえ破壊された．いくつかの国有林では，30 パーセントもの樹木が汚職によって違法に伐採されてしまった.

　しかし，ひとつの熱帯雨林が消えることがどうだというのだ？　オランウータンやテナガザルの心配をする必要があるのだろうか？　もっと気にかけるべき重要なことがほかにあるのではないか？　いまや 70 億人もの人口を抱える地球では，何かが犠牲になるのは仕方ないのではないか？　ボルネオが例外などとどうしていえるのだろう？

　この点をよく考えてみる．人里離れた比較的原生のままの地域で長い年月活動してきて，一つ明らかになったことがある．ボルネオの熱帯雨林のような自然地域は，たとえ遠く離れていても，東京やシカゴのような都市に必要不可欠だということだ．それはまるで肺がなければ筋肉を動かせないのと同じだ．都市や社会，国家は，健全に機能する自然生態系に依存しながら永らえ繁栄している．ボルネオと東京やシカゴは，実はつながり，支え合っているのだ.

　この第二部ではこの点を掘り下げながら，持続可能なやり方で資源や生態系，気候を利用することによって，いかに経済活動を支えられるかを説明したい．いままで通りのやり方だけでは，もはや経済成長や人々の福祉，幸福は実現できない．求めるところにたどり着くには，技術革新と効率の改善，持続可能な「循環型の」経済の推進を，爆発的に進めなければならない．私たち一人ひとりが，残された地球の美しさを賢明に管理する責任を負わなけ

ればならないのだ.

　樹上のデッキに座って原生林に囲まれていると，自分が小さく感じられる．それと同時に，そこから強さも与えられる．ボルネオは自然界への私の情熱をかきたててくれる場所の一つだ．誰の目にも明らかなように，自然は，私たちが要否を自由に選べるようなものではない．私たち人類の生存に不可欠なものなのだ.

（マティアス・クルム）

第5章
死んだ地球ではビジネスなどできない

　最近，世界中から何千人もの選手が北京国際マラソンのために北京に集まった．しかしイベント当日の朝，大気汚染の状態はひどく，多くの選手が参加しないことを決めた．参加した選手は，気分が悪くならないようにマスクを着用するというマラソンでは例を見ない予防策を講じていた．保健当局は，当日の大気汚染指数が，屋外で激しい運動をしないよう求めるレベルをはるかに上回り，「危険」であると発表していた．そんな中，マラソンが中止されなかったことを非難した人や，スモッグでスタジアムがほとんど見えないと苦情を訴えた人もいた．ある住民は，「こんなときには，屋外で呼吸することすらつらい」と訴えた．

　これは2014年10月のことだったが，最近の北京ではまれなことではない．この中国の首都に住んでいると，毎朝，スマートフォンのアプリで大気汚染警報が出ているかどうかを確認してから一日を開始することになる．危険なレベルを示す赤い警報が表示される日も多く，そのときは窓を見ればすぐにわかる．厚いスモッグがかかり，窓はガラスではなく，まるで壁のように見える．

　中国当局は，大気質や水質，食料安全保障の悪化が，経済発展の大きな脅威となっていることをよく理解している．優秀な若い中国の研究者は，急拡大する国内総生産（GDP）に伴い経済的なインセンティブが得られても，もはや，そのような環境に住むことを望んでいない．世界で最も魅力的な都市，すなわち若い才能や革新を惹き付ける都市は，健康で安全な環境を提供できる都市なのだ．これはきわめて明快な事実だ．

巨大な漁船が多くの海岸線で魚を大量に獲り尽くしてしまうため，マレーシアのサラワクにいるこのような漁師は，魚を十分に獲ることが難しい．

126　第5章　死んだ地球ではビジネスなどできない

　ビジネス・リーダーは皆，機能不全の社会では企業はうまく活動できず，市場や地域社会，国家が機能しているかどうかは環境が最も重要な決定要素であることを知っている．たとえば，ブラジルのサンパウロの市長は，需要の増加と供給の低下による水不足の問題に苦労している．おそらく，気候変動とアマゾンの熱帯雨林の破壊が，サンパウロの水の供給に深刻な影響を与えているのだ．この問題は，この街のビジネスと1100万人の生活環境を脅かしている．ムンバイ（ボンベイ）からナイロビまで，世界のそのほかの多くの主要都市も，下水や大気汚染，化学汚染など同様の問題に直面している．

　森林や水流，土壌や空気を劣化させ，野生の動植物を失うと，人間生活の厚生が必然的に劣化するのは明らかだ．ここで注目すべきは，この厚生の劣化の規模は私たちが想像するよりもはるかに大きく，深刻な経済的影響をもたらし得るということだ．自然の回復力が失われ，地球の物理的プロセスにおけるさまざまな閾値を超えてしまうと，地球のフィードバック機能が暴走し，私たちの生活に突然の変化やショック，ストレスをもたらす．このようになると，私たちは危機に次ぐ危機に苦しみ，経済発展を追求することなどもはやできなくなる．私たちの社会の未来は，安定した気候や生態系の回復力と持続性にかかっている．言い換えれば，ノルディック・チョイス・ホテルズのCEOであるペッター・ストルダレンの名刺の裏に書いてある通り，「死んだ地球ではビジネスなどできない」ということだ．

　全体の論理は単純だ．安定した地球は，私たちが愛しそして活用することを学んできた生態系を与えてくれる．それはまた，澄んだ空気から健康的な食料まで，必要な機能とサービスを与えてくれる．これらの生態系のサービスと機能は，直接に豊かさの基盤となるのみならず，回復力の基盤ともなり，私たちは豊かであるだけでなく安全でいられる．生態系の豊かさと地球の安定性が生む回復力のお陰で，飢えをなくし経済成長を確保するという人類のニーズや希望が達成されるのだ．逆に，多くの要素を連携させられず，安定した生態系や回復力が確保されなければ，経済発展は期待できない．

　「環境の悪化にもかかわらず，過去に大きな経済成長があったではないか」という反論もあり得るだろう．しかし1990年ころまでは地球の回復力は高かった．この間，生態系は経済にコストを課すのではなく，いわば大規模な

補助金を提供していたのだ．実際，豪州国立大学のロバート・コスタンザら
による最近の研究では，この補助金の規模は年間で約125兆米ドル，世界の
GDP の 1.5 倍にも換算されている．しかし，地球に「ただ乗り」する時代
は，すでに終わった．

問題の兆し

　人間の活動が地球の回復力に明確に影響を与えた一番最近の事例として，
1990 年代初めに起きたニューファンドランド沖の北大西洋におけるタラ漁
の崩壊があった．近隣の沿岸漁業として何世紀にもわたって繁栄したこのタ
ラ漁は，1950 年代後半に，世界中から押し寄せた加工トロール船によって
大打撃を受けた．1960 年代の終わりまでに，タラの漁獲量はほぼ 4 倍に増
加し，年間で 80 万トンとなった．あまりに多量のタラが漁獲されたので，
その生息数はもとに戻れず，1970 年代末までに年間漁獲量が 13 万 9000 ト
ンにまで減少した．これに対抗して，カナダと米国は管理海域を 200 海里
（370 キロメートル）に拡大し，外国漁船を排除した．しかし，すぐにカナ
ダの加工トロール船が外国のものに取って代わり，1992 年までにこの海域
のタラはほぼ絶滅するまで漁獲されてしまった．そしてやっとカナダの連邦
政府当局がタラ漁の一時禁止を宣言したが，もはや遅きに失し，タラ漁は壊
滅した．
　この急激で取り返しのつかない漁場の崩壊により，魚の価値（1989〜1995
年）にして約 1 億 2000 万米ドルに相当する「魚の宝庫」とその数倍以上の
地域の所得が失われ，ニューファンドランドの多くの村々の伝統的な生活様
式が消滅した．そして，4 万人以上が雇用を失った．同じような崩壊が，バ
ルト海をはじめ世界の多くの海域でも発生した．バルト海では，タラが乱獲
され，加えて都市や農業から大量の栄養分が流れ込んで，広範な海域が無酸
素状態となってしまった．
　人間による地球への影響が明確な例として，このほかに異常気象の頻発が
あげられる．1980 年代後半に，気候変動のプラネタリー・バウンダリーで
ある大気中の二酸化炭素濃度 350 ppm を超えてしまって以来，熱波や干ば
つ，極端な豪雨，洪水などの気象災害が頻繁に見られるようになった．2003
年には，欧州を観測史上最悪の熱波が襲い，4 万人近くが死亡した．これは

128   第5章　死んだ地球ではビジネスなどできない

生態系の賢明な管理による経済的便益

バイオーム または生態系	典型的な 修復コスト （米ドル） （高いシナリオ）	修復による 推定年間便益 （平均的 シナリオ）	40年にわたる 便益の正味 現在価値 （USD/ha）	内部 収益率 （%）	便益／ 費用比 （%）
サンゴ礁	542,500	129,200	1,166,000	7	2.8
沿岸生態系	232,700	73,900	935,400	11	4.4
マングローブ	2,880	4,290	86,900	40	26.4
内陸湿地	33,000	14,200	171,300	12	5.4
湖と河川	4,000	3,800	69,700	27	15.5
熱帯雨林	3,450	7,000	148,700	50	37.3
その他の森林	2,390	1,620	26,300	20	10.3
森林と灌木地	990	1,571	32,180	42	28.4
草原	260	1,010	22,600	79	75.1

　生態系を上手に管理すれば経済的な利益が生まれる　今日，多くの事例が示すように，生態系が私たちの経済活動で果たす役割を控えめに見積もっても，持続可能な活動やビジネスは持続可能でないものよりも収益性が高い．加えて，生態系の持続性を維持することは回復力の強化に貢献し，それはさまざまな想定外の事態に対する保険としても機能する．これが，生態系が有する経済的価値の最も重要な側面である．

現代の欧州で起きた最悪の環境災害である．豪州では，2000年から2012年まで12年間におよぶ干ばつにより，推定40億米ドルの損害が生じた．パキスタンやアフガニスタン，ドイツ，タイは大規模な洪水に襲われ，数百万人が避難を余儀なくされた．2012年，ハリケーン・サンディが大西洋上の予測進路から突然内陸寄りに方向を変えてニュージャージーとニューヨークを襲うと，洪水でウォール街は水面下3メートルに沈み，ニューヨーク市は190億米ドルもの巨額の損害を被った．実際，1980年代以降の自然災害のコストは着実に上昇している．以前より頻発しているのは，地震や津波，火山活動などの地質学的災害ではなく，熱波や干ばつ，山火事，洪水，地滑り，台風など気候に関連した災害である．これは，人新世の特徴である．今日，環境災害は世界経済に毎年1500億米ドル以上の損害を与えている．

地球が世界の経済を支えている

自然環境を悪化させることの経済的影響を測るもう一つの方法は，私たちが自然環境から享受するサービスを代替するコストを見積もることである．滅多に意識することはないが，地球は経済成長を驚くほどの規模で助けている．実際，多くの研究で，経済活動のコストとして社会資本や自然資本の劣化を考慮すると，GDPベースの成長率は完全に相殺はされないにしろ，大幅に低くなるだろうと分析されている．生態系や天然資源，気候などの持続可能でない利用によるコストを勘案すると，米国やドイツ，中国の経済成長はほぼなくなってしまう．

コスタンザらによる2014年の調査では，人類は環境劣化の結果として，2007年から2011年の間に年間およそ20兆米ドルの生態系サービスを失った．20兆米ドルの損失がいかに大きいか，世界全体のGDPである年間約75兆米ドルと比較するとよくわかる．コスタンザらが考慮に入れたのは，食料生産のための淡水や土壌の質，木材の価値など，自然から経済への「直接的」なサービスだけであった．そこでは，自然を生産的で回復可能に保つのに必要な最上位の捕食者や，病害発生時にも農業を継続するのに必要な花粉媒介者を維持したりするような「間接的」な生態学的機能は考慮されていなかった．したがって，彼らの研究の推定値は控えめなものと理解すべきだ．それでも世界経済が，自然から驚異的なレベルの助成を受けていること

が明らかとなった．企業がこのような生態系サービスに対価を払うとすると，世界経済の純生産額は 27 パーセント減少することになる．

　生態系の持続可能な管理が，企業だけでなく，地域社会や国家，地方にとってもよいことであるという証拠は枚挙にいとまがない．2005 年の国連初の「ミレニアム生態系評価（MEA）」では，95 か国の 1360 人の科学者が，人類が今日依存している重要な環境サービスの約三分の二が人間の活動によって減少していると推計した．「自然資本プロジェクト」や「生態系と生物多様性の経済学（TEEB）」イニシアティブも同様の評価を行っている．これらを背景に，IPCC の「姉妹」組織として，「生物多様性及び生態系サービスに関する政府間科学―政策プラットフォーム（IPBES）」が，生物多様性と生態系サービスが人類の発展にいかに貢献しているかを明らかにすることを目的に立ち上げられた．揺れる草の朝露から，サバンナを誇らしげに歩くヌーの群れに至るまで，およそ地球上で私たちが大切と思うすべてのものが，人類の繁栄を決定づけていることを示す膨大な証拠が積み上げられている．

　海洋の植物プランクトンから岩盤の鉱床に至るまで，生命の有無にかかわらず地球のすべての部分が相互作用して，その生物物理学的な構造を作っている．炭素や窒素，リンや水などの地球規模の循環とあいまって，タイガや無限に青白い氷床などの大きく安定したバイオーム（生物群系）が地球をいまの形で維持しているのは偶然ではない．土壌細菌からイルカに至るまで，生物圏の生命体たちは相互に関係し，複雑な捕食者・被食者の関係を基礎に食物連鎖を形成する．生命体はまた「低確率だが影響の大きい」事態に備えて，遺伝的な冗長性を提供し，生物学的な意味で「保険会社」のようにも機能する．多くの陸域や海域の生態系では，異なる種が土壌の分解や植物の受粉などの同じか類似の機能をもつことがある．しかし，それらはウィルスによる病害や干ばつ，気温の変化に一様に敏感なわけではなく，生態系に「応答の多様性」とよばれる回復力の重要な一要素を提供している．自然は何十億年もの困難の中でこの保険機能を学習してきた．競馬でも一頭に全財産を賭けようとはしないはずだ．

　自然にきわめて大きな回復力があるため，私たちは誤った安心感に陥ってしまった．私たちは，「あちらこちらで少しずつ生物種を失う」というよう

な持続可能でない発展を行っても問題ないと考えてきた．しかし，これは大問題だ．私たちはいま，地球における6度目の種の大量絶滅のまっただ中にある．生態系は，ある程度まではこれに耐えられる．絶滅する種が食物連鎖でより下位のものであれば，同じ機能を果たすほかの種に置き換えられ得る．しかし，それは永遠には続けられない．重要な機能を果たす最後の種が失われると，システムは崩壊する．また，タラ，サメ，ライオン，ワシなどの最上位の捕食者は鍵となる種であり，大きな生態系はそれらを失うととくに脆弱になることが，明確になりつつある．これらの種が失われると，段階的に連鎖効果が拡大し，生態系全体が崩壊する可能性があるのだ．

狼，樹木，そしてマルハナバチ

　生態系において変化がどのように連鎖的な影響をもたらすかの古典的な例が，イエローストーン国立公園で起こった．1920年代に，公園の最上位の捕食者であるオオカミが政府のハンターによって絶滅させられた．その後の70年間，公園の生態系はオオカミなしで変遷し，その結果エルクが急増し，公園全体に連鎖的な反応をもたらした．エルクは広範な土地の植物を食い荒らしたため，森林や水域が減少し，鳥やビーバーの生息地も喪失した．そして1995年には，環境活動家や土地所有者，公園当局が熱い議論を展開した結果，14匹のオオカミが再導入された．今日，公園には約100頭のオオカミが生息し，オオカミの再導入による驚くべき変化を見ることができる．人間の狩りだけで抑制していたエルクの個体数をオオカミが代わって制御することによって，望ましい生態系バランスが回復したのだ．エルクの減少により草食の圧力が下がったことで，わずか6年の間に何倍もの速さで森林が回復し，川岸が保護されて河川が安定し，ワシやアナグマ，ビーバーなどの種が戻るのに必要な生息地が回復した．わずか10年間で，イエローストーン本来の景観がもとに戻ったのだ．

　生態系を持続的にする管理が，社会に経済的・社会的価値をもたらすというもう一つの古典的な事例が，ニューヨークにある．1世紀以上前，当局は次の決定を下さなければならなかった．すなわち，都市に流れてくる水を浄化するための水処理施設を建設するか，あるいはニューヨーク州北部のキャッツキル山地を中心とする4900平方キロメートルの流域を保護し，森

林に水の流れを制御させ，自然の水処理サービスとして利用するかの選択であった．彼らは後者を選んだ．今日，840万人の市民が毎日45億立方メートルの米国で最もきれいな水を享受している．この自然のシステムを，エネルギーや化学物質を消費する従来の処理プラントで置き換えると，100億米ドルもの建設コストがかかる．そうせずに森林に水を制御させることで，運用コストを年に何百万ドルも節約できているのだ．

生態系サービスの価値を示す最近の事例として，2012年，英国で注目されたことがある．英国は秘密裏に科学者をスウェーデンに送って，マルハナバチの女王蜂を捕獲しようとしていた．南部イングランドでは，野の花の咲く自然の草地がほとんどすべて農耕地に取って代わられ，その後1988年までに，かつてはどこでも見られたマルハナバチがまったくいなくなってしまった．皮肉なことに，この同じ農耕地は，授粉をマルハナバチなどの昆虫に依存していた．この授粉サービスは，英国の経済に少なくとも年間で4億ポンド相当の寄与をしていたと推定される．マルハナバチの喪失は大惨事であった．

スウェーデンの国民が，英国の科学者たちがそこで何をしているのか知ったときに，小さな論争が起こった．彼らがハチを捕獲する公式の許可を得ていないことが議論に油を注いだ．地元の環境保護団体は，英国の科学者がスウェーデンのマルハナバチを集めすぎれば，「スウェーデンも英国と同じ状況に陥る可能性がある」と警告を鳴らした．ある引退後の生物学者は，「この英国からの侵入者たちはもはや世界の支配者ではなく，かつてのようにあらゆる物資を世界から略奪してはならない」と怒りをあらわにした．両国間の小さな外交的論争を避けるため，スウェーデン当局は，英国の科学者が秘密裏に行っていた任務に迅速かつ冷静に許可を与え，事態は沈静化した．これにより，英国は自国の田園地域にミツバチを再導入するという挑戦に集中できるようになった．そこでは，自然保護主義者が野生の花やクローバー，ベッチを植えたりした．近くの農民も彼らの畑の縁に沿ってマルハナバチのための「緑の回廊」を作り，それを自然のままに置いた．誰よりも彼らはマ

前ページ：インドネシア西パプアのマングローブ林は，魚の生育場であり，熱帯の沿岸生態系の回復力を生み出している．

ルハナバチが故郷に定着してほしいと思っていたのだ.

マルハナバチ事件は，多くの種が陸域や海域の生態系で果たしている普通は目立たない役割，そしてまたそれらの種がいなくなると大きな経済的コストが生じることを想起させるものだった．第3章で述べたように，世界は現在，自然の背景絶滅率より100倍から1000倍速い破滅的な速度で種を失っている．この大量絶滅が止まらない限り，種を失うことによるコストは高すぎて計算することすら難しい.

CSR はもう死語だ

ますます多くの企業が「持続可能なビジネスはよいビジネスである」という結論に達している．GEは，エネルギー効率を生産ラインに取り入れることで2005年以降，3億米ドルを節約し1600億米ドル以上の収入を生み出したと発表し，注目を集めた．プーマやウォルマート，ユニリーバなどの企業と同様に，風力発電や太陽光発電，超高効率タービンなどの持続可能なビジネス・ソリューションからますます多くの純利益を上げていることを強調したことが，明確なメッセージになったのだ．環境はもはや企業の社会的，倫理的責任の領域にとどまる問題ではない．それはますます，企業の中核ビジネスとなり，企業の核心となる活動となり，企業が市場を席巻するか消滅するかを決定づける鍵になりつつある.

先見性のあるビジネス・リーダーは，しばらく前からこのことに気づいている．彼らにとっては，人間，地球，利益という三つの基本要素が，つねに不可分の目標であった．しかし，気候や生態系の問題がCSR部門ではなく取締役会の問題となるような，ビジネスの世界での大きな考え方の変化が起きたのは，過去3〜5年にすぎない.

2014年5月のストックホルム・フード・フォーラムのパネルで，世界経済の約10パーセントを占める200社の多国籍企業の世界的ネットワークである「持続可能な開発のための世界経済人会議（WBCSD）」の会長のピーター・バッカーは，「CSRはもう死語だ」と宣言した．有限で枯渇していく資源を求める競争が激化し，化石燃料価格はますます予測不能になり，地球からのフィードバックが社会全体をますます不安定にするおそれがあるような今日の世界で企業が生き抜くためには，「地球をビジネスの外部要因とし

てしか見ないことは，もはや許されない」とバッカー会長は述べた．むしろ地球は「企業の本業」である．バッカー会長率いる WBCSD は，その「ビジョン 2050」を「アクション 2020」計画に作り変え，その中で，気候や生物多様性，水，土地，栄養素などについてのプラネタリー・バウンダリーに関する科学に基づいて，今後数十年を見通したグリーン・ビジネスのあるべき形を科学的に明らかにした．

EU は最近，欧州の産業の未来の競争力を分析する「欧州資源効率プラットフォーム（EREP）」の作業を完了した．すべての地球のリスク要因を考慮すると，欧州が競争に勝ち，将来において成長と雇用を創出する唯一の方法は，短期的には資源効率を大幅に改善すること，長期的には循環経済へ転換することしかないと結論づけた．グローバル化した世界では，市民一人ひとりが資源を使う権利をもっており，100 パーセントグリーンな方法で発展するやり方が競争力の確保と資源を共有する倫理の視点から，まさに最も合理的なものなのだ．地球規模の環境災害のリスクが急速に高まりつつあることを考えると，その議論はもっと説得力を増す．持続可能性こそが繁栄への最短の経路であり，その成否は，残された生態系と地球全体の美しさを守る私たちの賢明さにかかっている．ニコラス・スターン卿が 2014 年の世界経済フォーラムで指摘したように，「持続可能性は単に一つの成長のあり方ではなく，世界にとって唯一の成長のあり方」なのである．

新しい物語

私たちはなぜ地球環境に配慮する必要があるのか，その語り口を変える時期にきている．それは，少なくとも 40 年前には変わっているべきだった．私たち「環境主義者」自身がおそらく最も大きな問題である．私たちは，環境を「保護する」という考え方に基づいて全体の運動を進めてきた．そしてそれは大きな成功を収め，多くの人々の考え方を「汚染」した．自然が一方にあり，社会が他方にあるという世界観を広めてしまったのだ．「環境」対「開発」の考え方では，両者は決して交わることがない．経済学者は，地球への影響を「外部性」として扱うという時代遅れの概念に執着している．これはきわめて間違った認識だ．すべての富の源泉である地球の上に立ちながら，どうしてそれを外部性だと主張できるのだろうか．

市民や社会，ビジネス，政策による取り組みを通じて環境問題を解決しようとする中で，私たちは人間の圧力から環境を「保護する」という論理にとらわれてしまっている．国連の気候変動に関する交渉では，気候システムを「保護する」ことと，責任問題を解決するために「負担を分担する」ことについて交渉してきた．また，生物多様性条約では，保全して残すもの，つまり人間から「保護される」ものを最大限増やすことに焦点を当て，何よりもまず人類以外の種を保護する倫理的責任に訴えかけている．過去何十年にもわたり，企業は上級のCSR担当役員や環境部門の責任者を多数配置することによって，このような状況に効果的に対処してきた．グローバルな事業展開を目指す企業は皆，人間の行動による外部性として悪影響を受ける自然の一部を「保護する」べく，公共的見地から取り組むと宣言した．

　このような時代はもう終わり，筋書きは変わった．人新世は人間活動によって飽和し不安定になった世界であり，そこでは私たちが地球全体の守護者になる必要がある．地球の守護者になるためには，目指すべき大目標は，生物種や生態系を救うことではなく，私たち人類を救うことだと理解しなければならない．すなわち，それは人類が経済発展し，繁栄し，そしてよい生活を追求することを可能にすることなのだ．地球自身は，すべてが変わってしまっても何も気にはしないだろう．問題なのは，私たちの世界なのだ．結局のところ，急激な社会的，生態学的な変化で不安定になった世界ではビジネスなどあり得ないことを，すべての企業は理解する必要がある．安定した気候と生態系によってのみ，私たちが都市や村で生きていくために必要な回復力と持続可能性が得られるのだ．

　私たちの変革はまだ間に合うだろうか？　答えは「イエス」である．2030年までに世界が必要とする都市地域のおよそ60パーセントはまだ建設されていない．私たちは気候，水，エネルギー，栄養素のリサイクルの観点から環境負荷が少なく費用対効果の高いやり方を知っている．また，嵐や洪水から自らを守るために，自然の緩衝地帯を配して抵抗力のある都市計画を立てる方法も知っている．生活の質と自然の多様な機能を高めるべく，さまざまな生態系を密集した都市部にいかにして組み込むとよいかも知っている．世界は，今後数十年にわたって，新しいインフラに約90兆米ドルを投資するだろう．その投資額をわずか4パーセント増加するだけで，インフラ全体を

気候変動の観点から環境負荷のないものにすることができるのだ.

　最終的に私たちを妨げるのは,「昨日うまくいったやり方は, 明日もうまくいく」という時代遅れの信念である. 地球上における安全な機能空間内で繁栄するための, すなわちプラネタリー・バウンダリーの範囲内で成長するための新しいパラダイムこそが必要なのだ. そのパラダイムにおいて, 私たちは, 地球に残された美しさを, 生活とビジネスにとって副次的なものではなく, 必須のものとして守護する役割を果たすことが不可欠だ. 私たちは, それをまるで呼吸のように自然なこととして行う必要がある. そうすれば, 将来の世代が繁栄するための土台作りは, ずっと実現に近づくであろう.

　バタンタ島の少年は, 貝を捕るためインドネシア西パプア州のラジャ・アンパット諸島の海に潜る.

第6章
技術革新を解き放つ

　ケネス・ボールディングは1950年代にワシントンDCで開かれた議会公聴会で,「この有限な世界で永遠に加速度的に成長ができると信じている者は, 狂人か経済学者しかいないだろう」という挑発的な発言をした. ボールディング自身も経済学者であるが, 後に, 人類は有限かつ唯一無二の地球という星に住んでいるという概念を示す「宇宙船地球号」という新たなコンセプトを提唱した. そのアイデアは私たちのプラネタリー・バウンダリーの枠組みの先駆けとなる考え方でもあった. ボールディングは限界のない成長を前提とするモデルを「カウボーイ経済」と揶揄し, 無謀で搾取的, 非現実的で, 暴力的な行動を助長すると特徴づけた. 彼は1966年の環境会議の中で,「カウボーイ経済では, 消費や生産こそがよいこととみなされ, カウボーイ経済の成功は生産高によって測られる」と発言した. 対照的に, 彼は有限な世界のモデルを「スペースマン(宇宙飛行士)経済」と名づけ,「地球は, 開発の余地も汚染の余地も限られた一隻の宇宙船」になったと述べた. スペースマン経済の目標は生産と消費の拡大ではなく, 彼いわく, 生活の質の向上であった.

　それから数十年の時を経た今日でもなお, 環境問題と資源制約に直面する中で無限の成長が可能かどうかについて, 引き続き熱く議論されている. 私たちの見方は, 有限の地球上での成長の概念をあざ笑うボールディングのような新マルサス主義的な考え方も, 無限の成長を擁護する新自由主義的な考え方も, いずれも正しくないというものだ. 私たちはその両極の考え方の中道が人類の進むべき道であると信じている. 目の前にある証拠に基づくと,

オランダのマースボンメルにある水陸両用の家は, 4メートルまでの水位の変動に対応できる浮体の基盤の上に建てられている.

人類の未来は「地球上の安全な機能空間内での成長」にかかっていると確信している.

　この40年というもの，モーゼがシナイ半島の情け容赦ない荒野をさまよったように，環境学者たちは「成長の限界」を唱えてさまよったあげく，ほとんど何の成功も収めなかった．いままさに，この荒野を離れ，「限界の中での成長」という，より建設的なパラダイムの中で世界と関わるときがきた．結局は「成長」というものをどう見るかによる．最近この言葉は間違って使われているため，私たちはむしろもうそれは使わず，人類の厚生という社会の最終的なゴールに焦点を合わせることにしたい．その意味では，成長やより大きな経済発展を目指すことは，厚生を達成するための一つの手法にすぎない.

　地球で細々と暮らしている圧倒的多数の人たちにとって，成長と厚生は比例する関係にある．世界の多数派である絶対的貧困と中産階級の間（年収2万5000米ドル以下）の市民にとって，厚生の向上とは，平均余命や教育レベル，医療を受けられること，社会保障の改善を意味する．それ以外の少数の豊かな人々，すなわち「古くから産業化した」国々（実質的にOECD諸国）に住む人々とより貧しい国で増えつつある少数の富裕層にとって，従来のGDPにおける経済成長と厚生の向上が比例するとはもはや限らなくなる．実際，シエナ大学のステファノ・バルトリノらが示したように，経済成長がある段階を過ぎると個人は社会資本を失い始め，それをより多くの消費で埋め合わせようとするために自然資本の急速な劣化を引き起こすという，悪しきスパイラルに陥る.

　私たちは一般論として，厚生の向上という人類のゴールを達成するために，社会的・経済的な発展が必要かつ望ましい方法であることに同意する．ここで大きな問題は，人類と地球の両方に正しいことをできるかどうかだ．つまり，私たちは，一方で世界のすべての人の欲求を満たしながら，他方で地球上の安全な機能空間内にとどまることができるのかということだ．現在これに対する答えは誰ももっていない．わかっていることは，人類の未来の繁栄は安定した地球を維持できるかどうかにかかっているということだ.

技術革新の新しい波

　ピーター・ディアマンディスとスティーブン・コトラーは『楽観主義者の未来予測：テクノロジーの爆発的進化が世界を豊かにする（*Abundance: The Future is Better than You Think*）』という近著の中で，人類史の中で私たちは初めて自らの欲望を満たす能力を備えつつあると論じている．人類はいままさに，これまでにない技術が一世代のうちに世界中の人々の必要と欲望を満たすことを可能とする「大転換」の時期に入ろうとしているというのだ．言い換えれば「豊穣をすべての人に」という時代に実際に手が届きそうなのである．

　これは確かに人類にとって驚くべき一歩となるだろう．この本で前に述べたように，2050 年までに 70 億どころか 90 億人以上の人口を抱える世界で，現在は貧しい多数派の人々が，豊かな多数派になり得る決定的な歴史の瞬間を，いま私たちは生きているのだ．しかし，これを実現するには，その間に世界経済はいまの 3 倍の規模に成長することになる．これは，すでに基礎的な生態学的許容範囲を全体的に 25 パーセント超過して活動しているいまの世界，すなわちすでに三つのプラネタリー・バウンダリーを踏み越えている世界にとって，とてつもなく大きな挑戦とならざるを得ない．その結果，地球はすでに高リスクの反応と高額の請求書を私たちに突きつけ始めている．

　しかし，それは実現可能なのだろうか？　世界の発展の道筋を持続可能な方向へ転換させるべく，世界のリーダーたちに蔓延する現状維持的な考え方を打破できるのだろうか？　飛躍的な技術革新，資源効率や循環経済モデル，消費志向ではない幸福のあり方を求める若者たちの新しい選好は，それを可能にするのに十分だろうか？　私たちは，その答えは「イエス」だと思い始めている．

　効率の大幅な改善やそのほかの解決策が可能となることに確信を抱くのは，最近の技術の飛躍的進歩の速度に目を見張るものがあるからだ．コンピュータの進歩に関する「ムーアの法則」が，インテルの共同設立者ゴードン・E・ムーアによって 1965 年に提唱された．これはコンピュータの演算能力が 2 年で倍になっていくというものだが，この法則はマイクロプロセッサだけでなくバイオテクノロジーやナノテクノロジー，コミュニケーショ

ン，グラフェン太陽光セルといった新素材にも当てはまる．科学と技術の発展速度と市場を基盤とする社会の急速な拡大に世界の指導者たちは触発され，これからの数十年における発展に関する野心的な目標を設定した．現在10億の絶対的貧困層と30億の栄養不良の人たちがいるアジアとアフリカで20億から30億の人口増加が見込まれているにもかかわらず，いまの世代の指導者たちは絶対的貧困と飢餓を2030年までに撲滅できると信じているのだ．過去にこんなことはなかった．

技術だけですべてが可能になるわけではない．地球環境への負の影響，とくに生物多様性の損失と気候変動によって私たちが直面する問題はきわめて大きく，それだけでは対処できない．技術を根本的な制度の革新や生活様式の変更に結び付けなければ，持続可能性への転換は不可能だ．しかし，以下の五つの主要分野の地球規模の転換において，技術はおそらく支配的な役割を果たすことになる．

- 再生可能で持続可能なエネルギー・システム
- 持続可能で健康的な食料システム
- ビジネス，社会，地域社会における循環経済モデル
- 全体の7割が都市住民となる世界における持続可能な都市の未来
- 持続可能な輸送システム

この五つの分野における転換は，地球上のすべての生態系を持続可能なものとして守るための前提条件であり，将来の世界の繁栄を確保するために必要なものである．そして，私たちは今日それらすべてを，新しい技術や新規のシステム統合，新たな行動戦略を通して達成できるという根拠をもっている．

世界のエネルギー・システムを脱炭素化する

ドイツの典型的な土曜日の朝，あなたがコーヒー・メーカーのスイッチを入れたら，必要な電気の平均30パーセントは太陽光と風力から供給される．状況がよければ，それは75パーセントにもなる．これは世界第4位の経済大国における素晴らしい進歩であり，革新的で長期的な政策と太陽光や風力発電の効率と費用対効果の改善が組み合わさって，初めて可能となったものだ．ドイツは，2011年エネルギー転換（Energiewende）とよばれる国家エ

ネルギー計画を採択し，自由なエネルギー売買市場とリンクした固定価格買い取り制度（FIT），強力な政治的目標設定，そして持続可能エネルギーを優遇する一方で持続可能でないエネルギーを不利に扱うインセンティブ制度を併せて実施した．固定価格はエネルギー供給業者に最低価格を保証し，再生可能な技術に投資するインセンティブとなった．一方で，開放的なエネルギー市場によって，何百万という小規模発電者が加わった．ドイツの政治的ゴールは，原子力発電からも脱却し，2050年までに再生可能エネルギーの割合を80パーセントにすることだ．

　もちろん，気候変動の安全圏内で運営されるエネルギー・システムの規模を拡大していくドイツの実験には，多くの支障も生じた．ひとつは，安価な天然ガスが市場に大量に供給されたとき，有効な炭素価格制度がなかったために環境に対する逆効果を生んでしまったことだ．化石燃料の中でも最も環境に悪い石炭が突然値崩れしたのである．これは重大な転換を行うには，技術と革新だけではだめで，政策がついてこなくてはならないことを明確に示している．世界的なエネルギーの転換を成功させる唯一の道は，脱炭素化スケジュールのような科学的な目標とリンクした技術的進歩と，炭素税や法的拘束力をもつ排出規制のような持続可能性を促し持続可能でないことを抑制する政策とを結び付けることである．

　世界は持続可能な再生可能エネルギー・システムと技術革新との幅広い組み合わせを急速に拡大できるという十分な根拠がある．たとえば，太陽光セル技術は，電力量，効率，費用対効果の面で加速度的に進歩した．太陽光発電は現在世界の発電の1パーセント以下のシェアしかないが，その加速度的な成長はまだまだ続くと信じるべきだろう．コンダクターに，重くて高価なシリコン・ベースの太陽光セルの代わりにグラフェン（炭素）を使う方法や，いわゆるグレッツェル・セルという安価な染料ベースの太陽光セル技術などは，将来性のある革新的な技術の例だ．

　私たちだけが，産業革命後の温暖化2℃以内という気候の限界値の範囲内で活動しつつ，すべてのエネルギー需要をまかなう未来が実現可能だといっているわけではない．最近，世界のエネルギーの将来像に関する最大規模の評価を行った「グローバル・エネルギー評価（GEA）」も，今日の技術をもってすればそれは実現可能だと結論づけた．それに必要なものは，エネ

146　　第6章　技術革新を解き放つ

ギー効率の大きな改善から，バイオマスや波力，風力，太陽光といった持続
可能なエネルギー供給手段およびさまざまな割合の原子力利用まで，多様な
組み合わせである．

すべての人のための持続可能な食料生産の増強

　人類がプラネタリー・バウンダリーを踏み越えている状況の最大の原因
は，食料（主に農作物）生産の仕方である．食料生産は土地と淡水の大部分
を使い，温室効果ガスを最も多く排出し，生物多様性に最も大きな脅威を与
え，栄養負荷の主な源となっている．食料生産をあるべき姿にすることがで
きれば，地球の安全な機能空間の範囲内で厚生を追求できる可能性が大きく
高まる．

　世界の食料需要を満たすのには既存の農地で十分であるという，十分な根
拠がある．これは，いまや地球に残された自然の生態系がもつ生物学的な回
復力を保護する必要があるため，非常に重要なことだ．私たちの考えでは，
そのために既存の農地において新しい二重の緑の革命が必要となり，それが
革新の最大の誘因となる．2050年までに90億から100億の世界人口に食料
を供給するには，食料生産を50〜70パーセント増やす必要がある．これが
まず一つの新しい緑の革命ということだ．しかし，今回は農地の拡大を一切
せず既存農地だけを利用する真にグリーンな形でそれを実現しなければなら
ず，それには技術と農業システムの飛躍的な革新が求められる．より頻繁に
起こる干ばつや洪水，日照りのような極端な天候に対して，いまより耐性の
ある農作物を作り，持続可能性を確保しながら生産力を急速に高めなければ
ならない．ミネソタ大学のジョナサン・フォーリーが最近，第一線の科学者
たちと行ったアセスメントでは，生産可能な量と実際に生産されている量の
差を埋めることによって，現存の農地で人類の食料需要を満たすことができ
ると結論づけられた．それが示唆するのは，アフリカのようなところには秘
められた巨大な可能性があり，モロコシや粟といった主要穀物の生産量が1
ヘクタールあたり1トンほどしかないのが，3から5トンになり得るのであ
る．それを可能にするには，精密農法や保全農法，食生活の改善などの大き
な農業の革新が必要だ．さらに，食料の25〜30パーセントもが廃棄されて
いる状況を考慮すると，食品ロスの削減も重要だ．これらを行えば，課題の

147

アフリカで最も政治社会的に安定した国の一つであるカメルーンの首都ヤウンデに掲げられた未来の繁栄のイメージ.

達成は可能だ．問題は，気候や水，化学物質や栄養分との関係で持続可能な
やり方でこれを実現できるかということと，天候や病害の影響に対処できる
耐性のある農業システムを構築できるかということだ．

その点において，現代のバイオテクノロジーは大きな役割を演じることが
できる．野生種やそれに対応する栽培種に広がらないようにしながら，遺伝
子の組み合わせを操作して，健康的で耐性があり，持続可能で，かつ生産性
の高い農作物や作物種を作り出すことは，重要な解決策の一部になり得るだ
ろう．これに関し，興味深い可能性が出てきている．すなわち，従来の企業
に過度に依存し副作用も不確かだった第一世代の遺伝子組み換え作物
（GMO）から，農作物から魚に至る持続可能性があり生産性の高い食料に移
行する大転換が起こっている．透明性のある公共セクターの科学と政府の厳
しい規制が結び付いて，現代のバイオテクノロジーの発展を支えている．た
とえば多年生の穀物の開発は，自然のエコシステムに調和しつつ，急増する
人口のための栄養豊富な食料を提供するように発展する可能性がある．

循環経済への変革

資源と自然を搾取し，それらを製品とサービスに変換したうえで廃棄する
という直線的なビジネス・モデルは，もう時代遅れだ．このモデルでは，し
ばしばバリュー・チェーンの中でエネルギーや汚染物を環境中へ排出し，さ
まざまな公害や環境劣化を引き起こす．それに代わり，さまざまなものの生
産に使われる社会，自然，財務，設備にかかわるものを含むすべての資本が
経済に再循環され，将来のモノとサービスに再利用される循環経済を確立す
ることが不可欠と，私たちは考えている．エルンスト・フォン・ワイツゼッ
カーらが 2009 年に発表した『ファクター 5——エネルギー効率の 5 倍向上
をめざすイノベーションと経済的方策（*Factor 5: Transforming the Global
Economy through 80 Percent Improvements in Resource Productivity*）』の中
で論じているように，生産過程で使われる資源と生態系要素の大半を再利用
すれば，資源効率を 5 倍向上することができる．こうすることで，プラネタ
リー・バウンダリーから逸脱することなく成長を促進する経済発展のための
新しいやり方に，世界が向かう第一歩となるだろう．

その注目すべき例は，インターフェイスという絨毯・タイル会社を営むレ

イ・アンダーソンの循環型ビジネス戦略のビジョンだ．カール=ヘンリク・ロベールと彼のチームが25年以上にわたって開発してきた「ナチュラル・ステップ」アプローチに刺激を受け，アンダーソンは，ゼロ・エミッション（排出ゼロ）の生産システム，水利用とエコロジカル・フットプリントの劇的な削減，そしてより高いリサイクル率によって，自らのビジネスを変革し，利益率の向上に結び付けた．彼の戦略は，単に絨毯を売るのではなく，その寿命を通じて製品に責任をもつことにより，顧客との関係性を売るというものだった．ほかにもたくさんの事例があり，それらは将来さらに進化するであろう．エレン・マッカーサー財団は，最近，企業が循環型モデルに移行することで利益が得られるという多くの根拠について発表した．たとえば，携帯電話の製造コストは，分解が容易な製品を作り，リサイクルによる生産プロセスをさらに発展させ，また携帯を回収するインセンティブを強化すれば，50パーセントも軽減できるとしている．

回復力のある都市の建造

まもなく70パーセントの人が都市に住むという世界になる．それゆえ，都市の環境を居住可能で持続可能，そして環境へのストレスや衝撃に対応できるものとすることは，世界の最も重要な挑戦の一つである．幸いなことに，エネルギーと資源効率を格段に改善し，回復力と質の高い暮らしに焦点を当てた都市空間のデザインを目指す新しいアプローチを活用して，この挑戦に対処すべき方法はわかっている．

「よくデザインされた都市は，比較的限られた空間の中に多くの人々を持続可能な仕方で住まわせることができる．そこでは，より広い手付かずの自然区域の保全とより高い資源効率を可能にしつつ，質の高い暮らしが提供される」と，国連事務総長の潘基文は，2012年の「国連・都市における生物多様性概観」の前書きで述べた．一般の見方とは異なり，シカゴやメキシコシティ，シンガポール，ケープタウンのような都市は，実際のところ豊かな生物多様性を擁しているのだ．都心部は創造性や革新，学びの場にもなっている．「このような都市の特色を伸ばしていくことは，前例のない都市化が起こる中で，生物多様性を保全するという世界的な取り組みを達成するうえで不可欠なことだ」と，SRCのトーマス・エルンクヴィスらは指摘してい

150 第6章 技術革新を解き放つ

る.

　持続可能で対応力のある都市を作るために投資することは，プラネタリー・バウンダリーの範囲内で将来の豊かさを築き繁栄を実現するうえで，最善の方法の一つである．そこにたくさんの機会があるが，その何倍ものチャレンジがある．いま最も早く成長している大都市と都市圏は世界の最貧地域にあり，そこでは有効な秩序体制がなく，都市運営の能力をはるかに超えるペースで無秩序な都市の拡大が進んでいる．しかし，一方でほかの都市では，環境にやさしいインフラの整備や公共交通への大規模な投資，ごみの効果的なリサイクル，再生可能エネルギーの奨励，カー・シェアリングの促進，そして自然光の最大限の活用を通して，変革が可能であることが示されている．具体例として，国連の研究があげた環境志向の都市域に，コペンハーゲンのヴェスターブロ地区，ロンドンのベディントン・ゼロ・エネルギー開発計画，ドイツのフライブルク・イム・ブライスガウのヴォーバン区域，オランダのキュレンボルフのエファ・ランクスメール地区などがある．これらの地域は炭素排出ゼロ（カーボン・ニュートラル）となるように設計されており，「環境を保護することで市民が自らの厚生を改善することを奨励し，環境市民権という考え方を広げている」と，その研究は説明している．

持続可能な交通手段

　いまや，自転車専用道や公共交通機関のネットワークの拡大に投資して持続可能な交通システムを構築するやり方はわかっている．コペンハーゲンやアムステルダム，オレゴン州のポートランドなどは，随分前から，自転車が利用しやすい都市となっている．最近は急速に発展する途上国の都市もその流れに乗ってきている．コロンビアのボゴタは，エンリケ・ペニャロサ市長の先見的なビジョンに従って，1998年に公共交通機関や自転車道を増強する大々的な努力を始めた．今日，自転車道は300キロにも達してスラム街を含む周辺区域と都心部を結び，自転車の利用はプロジェクトの開始当初から5倍に増えた．ニューデリーでは，市民の半数が公共交通機関を日常的に使っているが，2001年から2003年までの間にバスを天然ガスで走る仕様に改良し，二酸化炭素や大気汚染物の排出を抑制した．1999年に開通した高

架の公共交通網であるバンコクのスカイトレインは現在，一日の利用者数が約60万人となっている．このシステムは将来，運行区間の延長を予定しており，2017年にはその一つが開通する見通しだ．韓国のソウルでは，通勤客はバスとタクシーで同じ交通カードを利用できるようになり，毎日の通勤が少しスムーズになった．また，シンガポールでも，政府が自家用車の利用を抑制し公共交通機関の利用を促進するために多額の投資を行ってきた．

創造力を解き放つ

現在の技術革新の時代を指す「第二の機械時代」という言葉が，マサチューセッツ工科大学（MIT）のエリク・ブリンジョルフソンとアンドリュー・マカフィーによって提唱されている．この時代の恩恵を得るには，技術革新と変革を管理する新たなパラダイムが必要になるだろう．規制の導入など変化の方向を決めつける仕組みは往々にして技術革新を妨げるので，それを「管理する」という考えは矛盾して聞こえるかもしれない．しかし，私たちはその逆を主張している．つまり，技術革新と成長を推し進めることのできるプラネタリー・バウンダリーを設定することで，創造性は抑制されるどころか，むしろ解き放たれるものと確信しているのだ．

現代産業史における画期的な新技術はどれも，短期的には効率性を改善したものの，結局は，地球に負の影響を与えるリバウンド効果を生んできた．その典型例の一つは，冷蔵庫である．冷蔵技術は1980年代にはムーアの法則のように省エネ性能を飛躍的に向上させ，安価かつエネルギー効率のきわめて高い空調設備や冷蔵庫を生み出した．それは，地球と人間双方によいことだ，そう私たちは思い込んだ．しかし，この改善の効果は，冷蔵庫は15パーセント大型になり，生産台数は1995年以降3倍に増えたことである．その結果，冷蔵効率の改善で得られた省エネ効果分は，エネルギー使用の絶対量の増加で帳消しになったのだ．

残念ながら，このようなリバウンド効果は基本的にほかの何にでも当てはまり，持続可能な技術が集約された通信さえ例外ではない．モバイルとデジタルの革命は私たちを新たな世界へ導いた．少数の裕福な人が一対一の有線システムで交信していた日々から，人々がどこからでも40億台の携帯電話で通話をする今日への大転換だ．ここでは，1980年代初頭のスーパーコン

ピュータを超える処理能力をもつ10億台のスマートフォンも使われている．この革命的転換によって人の移動が減り通信効率が改善したことで，持続可能性のより高い生活が可能になった．しかし，私たちは2012年から2013年の一年間にその総数が1.4倍に増える中，少なくとも平均で2年ごとに携帯電話を買い替えるようになっている．

　これらの例が教えてくれることは，技術革命を大事にする一方，それを飼いならす必要があるということだ．加速度的に発展する技術に対しては，その利用が許容される絶対的な限界を設定しなければならない．物質的な豊かさは，プラネタリー・バウンダリーが画する地球の安全な機能空間の範囲内でのみ許されるのだ．

　これは技術革新を妨げることになるだろうか？　私たちはそうは考えない．私たちは，それはむしろ技術革新を解き放つものだと信じる．しかし一般的には，これは多くの議論を生む見解だ．多くの人々，とくに自由主義経済学者たちは，いかなる種類の規制も企業家精神をくじき，その結果，ビジネスと経済成長を妨げると見ている．しかし，明らかに環境破壊と結び付き，そのために人類の長期的な繁栄の機会を減じている分野では，それは当てはまらない．環境問題への厳しい規制は技術革新を加速させ，コスト削減にすらつながることが実証されている．自動車の触媒コンバーターや現代の非フロン冷却システム，バイオマス・ベースの冷暖房技術などの例を考えてみてほしい．これらすべての技術は，厳しい環境規制による圧力を受けて重要かつ画期的な発展をしたものだ．

　エネルギーや食料，健康，そして都市開発の領域で多くの技術を発展させる最善の道は，長期的かつ野心的な政治的目標を設定することである．それには，持続可能性の確保につながる技術革新の展開に対して限界条件を設定する規制の枠組みとインセンティブ政策を，適切に結び付ける必要がある．結局，これは最初の民間宇宙旅行のXPRIZEチャレンジのような競争を促し，地球を持続可能な形で管理するための革新的な技術を解き放つことにつながる．そのとき，健康状態の改善やサービス，さらには生活様式の飛躍的な進歩に止まらず，プラネタリー・バウンダリーが設定する生物物理学的な上限値内にとどまるための飛躍的な進歩が成し遂げられるのだ．

政策的手段

　この新たなパラダイム，すなわち，安定的で回復力のある地球とともに発展する世界のコミュニティを作るために，革新や技術，協働，そして普遍的な価値が結び付くというパラダイムを作るのに必要なものは何だろうか？そのために，私たちは以下の領域で，包括的な政策手段を構想している．

　1．地球上の安全な機能空間を世界的に規制すること：生物多様性の損失率をゼロとし地球温暖化を2℃以内にとどめることなど，世界の発展のための科学に基づく地球の持続可能性に関する基準に基づいて規制すること．

　2．地球に残された生物物理学的な余地空間を公平に分け合う方法について世界的に合意すること：上限のある地球上の炭素排出量の配分，土地利用の配分，窒素とリン排出量の配分，また淡水利用量の配分に関する責任を分担すること，および残された重要な森林システムの保全や生物多様性の損失を食い止めるのに合意することを含む．

　3．世界的な炭素価格制度を導入すること：二酸化炭素1トンあたり少なくとも50ユーロ（60米ドル）が必要．

　4．政策的手段とガバナンスのあり方に幅広い多様性を許容すること：提携や誓約，市民運動，アクティビズムなどの「ボトム・アップ」の活動が，世界の国々や地域のガバナンスや組織的な統合など「トップ・ダウン」の取り組みと組んで発展すること．

　5．「GDPを超えて」成長と進歩に関する新しい基準を定義すること：進歩を測る新たな指標と環境志向の経済発展の概念を基礎にして構築する．

　6．対応能力の開発に莫大な投資をすること：世界の途上国への自由な技術移転と「第二の機械時代」を本格化するのに必要な大きな投資資金を含む．

　私たちはこのような政策手段を，小さなスケールではなく大きなスケールで，理論でなく実践として進めることができるときがついにきたと考えている．そう思うのは，私たちだけではない．多くのビジネス・リーダーが，政策決定者が，そして市民が，いまや世界は受け入れがたいリスクに直面して

ベトナムのハノイにあるハノイ・クラブ・ホテルのゴルフコースの近くでゴルフボールを集める男たち. これは魚を獲るよりもお金になる.

おり，私たちは世界が持続可能であり得る基準の範囲内で発展する方法を見つける必要があるという同じ結論に達している．たとえば，大きな多国籍企業の CEO の多くが，世界全体で明確な形で導入されるのであれば，炭素価格制度を進んで受け入れるといっている．同様に，多くの政策決定者がGDP を唯一の経済成長の基準とする考え方をやめるとともに，中国などの国に倣ってその代替となる指標を開発し，たとえば自然資本のストックとフローの増減を測るグロス・エコシステム・プロダクト（GEP）を GDP と並行して使うことに前向きである．これらは，世界の環境リスクに責任をもつためにこの 4〜5 年の間に達成された特筆に価する進歩のほんの一部にすぎない．議論は，負担の分担や活動の縮小，あるいは環境保護や規制といった縮小的なものから，徐々に環境リスクの最小化や便益の創造，そして，安定で回復力ある地球における安全な機能領域内で人類の繁栄を生み出す今日の高度技術による解決策を作り出すための戦略といった発展的な方向に変わってきている．

第三部
持続的な解決策

　それは，おそらく，私のキャリアで最もつらい瞬間だった．2009 年 7 月
の終わりに，ストックホルムから北に 650 キロのオーレという美しいス
キー・リゾートで，環境に関する国際会議が始まろうとしていた．環境大臣
だけでなく，産業大臣も複数出席する会議だった．欧州委員会委員長のジョ
ゼ・バローゾの参加も予定されていた．

　当時，私はスウェーデンで一番影響力のある環境政策研究機関であるス
トックホルム環境研究所（SEI）の所長を務めていた．SEI は独立した研究
組織であったが，私はスウェーデン政府を環境問題でリーダー的存在に押し
上げたかった．そのため，コペンハーゲンにある欧州環境庁（EEA）の長
官をしているジャクリーン・マクグレイドとともに，オーレの会議の前にス
ウェーデンで発行部数最大の新聞（*Dagens Nyheter*）に意見記事を書いた．

　私とマクグレイドは，その記事で環境問題における政治的リーダーシップ
は科学に基づいている必要があると説いた．政治家は科学と妥協するきらい
があり，気候変動も例外ではない．私たちのプラネタリー・バウンダリーの
分析をはじめ多くの研究は，地球温暖化による大きな悪影響を回避するため
には，世界は二酸化炭素の大気中濃度が 350 ppm 以上にならないようにす
る必要があると指摘していた．一方，何人かの政治家は，それが世界の平均
気温を 2℃だけ上昇させるという仮定のもとに，450 ppm 程度の二酸化炭
素濃度は安全であり，それほどひどい結果にはならないだろうと論じてい
た．実際には，450 ppm と 2℃上昇の因果関係に関する科学的証拠はほと
んどなく，そのようなレベルの濃度で安全かどうかに関しても証拠は乏し
かった．逆に，2℃の温暖化は大きな犠牲をもたらす危険があり，戻ること
のできない大惨事を引き起こす可能性があるとの証拠が十分にあった．私た
ちはその記事でその点について指摘した．

158　第三部　持続的な解決策

　私たちの大きな間違いは，バローゾを記事の中で引用したことだった．その数か月前にバローゾは 450 ppm について，「科学的根拠のある数値」だといって擁護していた．記事の中で，私たちは，「実際のところその数字には科学的に不確実な要素が多く，安全を確保したいなら，より低い数値を目指すべきだ」と指摘した．そして，オーレの会議が始まる直前にその記事が出た．バローゾはそれに激怒し，「彼の部下」である欧州環境庁の長官が，彼の了解もなくスウェーデンの新聞に，署名入りで一体何を書いたのか問い正した．彼は，その記事が英語に翻訳されるまで会議の開催を延期するよう要求した．

　バローゾは，記事の内容の詳細がわかるとさらに激怒した．これを受け，マクグレイドは，バローゾの引用に関してなぜきちんと確認しなかったのかと，私を問い詰めた．記事は彼女のメディア担当から了解を得ていたが，バローゾの引用については，彼女自身に直接確認をしていなかった．オーレの会議は，「自分が記事に署名するよう誘導されてしまった」と彼女（マクグレイド）が公式に認めるまで延期された．なお，その後，彼女はバローゾへの書簡で，引用自体は不適切であったとしたうえで，記事は科学的には正確なものだったと釈明した．

　その事件は私を一時震え上がらせた．しかしいま考えると，これは，科学者は科学的に妥協をしたり，政治的に好ましいことを発言したりするのではなく，科学的に正しいことを言わねばならないということを，改めて気づかせてくれた出来事だった．混乱を招いたことはいまだに残念に思うが，その新聞に書いた内容に後悔はない．科学者の役割は事実を述べることであって，政治的に可能と見られることを支持することではない．適切でない行動へのいいわけとして科学を用いることは，断じて許されることではない．

　科学が必要だと示すことと，政治が可能だと主張することのギャップが拡大している理由は，政治家が，持続可能性を目指す野心的な目標は経済成長を脅かすことになると恐れているからだろう．このおそれを裏付ける証拠はほとんどない．逆に，税制のような環境諸政策はむしろ技術革新を誘発し，新たな成長を刺激する．たとえば，スウェーデンの炭素税は1トンの二酸化炭素に約 100 ユーロと世界で一番高い水準にあるが，国の経済を破壊してはいない．反対に，炭素税は経済成長とグリーンな技術革新の両方を刺激して

いるのだ.

　この後の各章で触れるように，人類にとっての大きな挑戦は，科学に基づく目標が設定する地球が安全に機能する空間の中で，自然に由来する解決策と技術革新の力を解き放つ方法を見つけることである．そのような目標の達成には地球レベルの新しいガバナンスが必要になるだろう．また，地球の回復力を着実に強化するための新たな手法も必要となるだろう．しかし，そのような目標を達成する鍵は，それらの目標を将来急成長が期待される新技術の開発，すなわち，人類が共有する持続可能な未来への道を拓く，才気にあふれ，素晴らしく，そして役立つアイデアの開発へのインセンティブに変えることだと私たちは確信している.

第 7 章
環境に対する責任の再考

　環境スチュワードシップ（環境に対する責任ある管理）をいまなぜ議論するのだろうか？　何十億という人間の生活が地球の基本的機能を蝕んでいる現在，私たちは，いかにして地球を守ることができるのだろうか？

　ニジェール南西部に住む年老いた農民ムスタパ・アマドゥに尋ねるとよい．アマドゥが住む首都ニアメの北 100 キロ，サヘル地域の端にあるサマディーという小さな村では，恵みをもたらす夏の雨季の到来が，ときには数週間も遅れるようになった．これまで 20 年間，農民たちは降雨パターンの変化を目の当たりにしており，さらに異変が起こるのではないかと不安を抱えている．何かが変化しており，しかもその変化が急なのである．

　雨季に入り最初の大雨に見舞われる 6 月，サマディー周辺のサバンナでは甘いトロピカル・フルーツの香りが漂い，ほこりっぽい灰色の大地はぬかるんだ茶色い風景へと一変する．村の中心では，子どもたちが泥まみれになって遊びながら，乾季から雨季への変化を体感する．この時期，恵みの雨を祝う独特の雰囲気が町を覆う．

　アマドゥはまず，畑の土が少なくとも手先の深さまで湿っているかどうかを確かめる．そして，これまで何世代にもわたり続けてきたやり方で，長くひもじい乾季の間に取り置いていた貴重な雑穀の種をまくときがきたのかどうか判断する．

　しかし，アマドゥは何かがおかしいと感じるようになった．通常，最初の雨で村の低地が水浸しになることはないはずだ．4〜5 回分の雨は村周辺の土地に吸収され，8 か月にわたる乾季に住民が貴重な水をくみ上げる深さ 62 メートルの手掘り井戸を満たすはずである．ところが，かなり前から，異常

　　このルワンダの少年の未来には，何が残されているのか？　彼や同世代の子ども
　たちの貧困を撲滅するには，持続可能性をもたらす解決策が有効である．

な豪雨が村を襲うようになった．豪雨は，農民の期待通りに土に湿り気を与えるどころか，畑の土を洗い流し，農民が恐れる土壌の浸食を引き起こすようになった．村に新たな災いが降りかかってきたのである．

徐々に進む地球温暖化は，降雨パターンを変化させ，突然の豪雨や洪水，熱波，干ばつ，山火事の発生の可能性を高めてきた．こうした状況では，アマドゥのような零細農民が地域の環境を守るだけでは，十分な対応はできない．アマドゥもまた，私たちと同様，地球全体の環境をどうやって守っていくか学ばなくてはならないのだ．

それは何を意味し，私たちはどうすればそれを成し遂げられるのだろう？その答えは，自分だけの利益のために自然資源を浪費する生活様式から，地球全体の回復力の強化に資する生活様式へと速やかに移行することである．アマドゥのような農民であろうと，上海の工場労働者，インドネシアの漁師，あるいは，アイオワ州デモインの店員であろうと，私たちの幸福や繁栄は，湖や森林，滝，海，氷河の働きのうえに成り立っているのだ．どれほど近代化しても，どれだけ自然から遠ざかっていても，私たちは周囲の健全な生態系なしには生きていくことはできない．

アマドゥのような農民の生活は，地域の天候の変動から直接影響を受けるため，都市部に住む私たちよりも変化に敏感である．しかし，私たちの生活もまた，河川の流域や氷河，森林といった大規模な生物群や気候システム全体を，持続可能な形で管理することに依存しているのを認識しなければならない．サマディーに降る雨は，地球全体の生態系の管理方法や気候と複雑に結び付いているのだ．

新しいゲームのルール

プラネタリー・バウンダリーの範囲内で，安全に機能する豊かな未来を築くには，地球レベルと地域レベルの両方で，大胆かつ新しいガバナンスを作っていく戦略が必要である．地球レベルで変革を起こすには，関係諸機関や実施組織，国際司法制度，国際的協力関係，新たな貿易協定，地球規模の規制といった「トップ・ダウン」の力だけでは十分ではない．また，地域レベルの変革も，草の根活動家や地域リーダー，ビジネス・イノベーター，教育関係者，官民協力による「ボトム・アップ」の効果的な取り組みだけでは

十分でない．どちらのアプローチも必要となる．「トップ・ダウン」と「ボトム・アップ」の両方を結び付け，協働させる必要があるのだ．

　幸いなことに，「トップ・ダウン」の力と「ボトム・アップ」の力とを互いに刺激させ，この二つのアプローチを相補的にすることができる．たとえば，ビジネス・リーダーたちが再三求めているように，トップ・ダウンでルールが示されればボトムでの取り組みが明確になり，持続可能で柔軟なビジネス戦略への投資が促される可能性がある．「トップ・ダウン」と「ボトム・アップ」の戦略が互いに相乗効果を生み出すような新しいルールを作らなければならない．

　世界が求めるそのような変革をもたらすには，まず，地球規模で強化された何らかのガバナンスの形が必要なことは明らかだ．大半の住民が開発から取り残されている世界で，生態系の利用可能空間を公平に分配するためにも，強力な地球レベルのガバナンスが必要となる．そこで重要となるのは，「世界を支配」したり，開発や成長を抑制したりする手段としてではなく，確実に地球を安定した状態にとどめるために，プラネタリー・バウンダリーを地球的な視点から守る主体である．

　実際のところ，世界のリーダーは，地球システムのガバナンスの必要性に対し依然として懐疑的であり，こうしたガバナンスはまだ存在していない．しかし，状況は変化している．地球全体で収支を合わせることの是非を議論している場合ではない．たとえば，炭素や土地，淡水などを対象とする，地球上で共通の利用制限制度（バジェット）を導入すべきか論争している余裕はないのだ．壊滅的な転換点を超えることで生じるリスクがわかったいま，持続可能性に関する地球レベルの目標の達成のための力を高めることが不可欠となった．

　これまでの 40 年間に 900 を超える環境関連条約が結ばれるなど，確かに，世界中で多くの努力が重ねられてきた．しかし，環境に好ましい経済発展へ導く力のある地球規模のガバナンスは欠如したままであり，世界は依然として間違った方向に進んでいる．各国が国益追求に走り，地球環境を悪化させ続ける間違った方向に向いている今日ほど，利己的かつ所与のルールを前提にすれば「合理的な」行動によって共有資源が浪費される「共有地の悲劇」が顕著になったことはない．

164   第7章　環境に対する責任の再考

　もはや従来のアプローチは通用しない．人間が地球に与える圧力が大きくなり，それに対する地球の許容量が限界に達している人新世においては，一国の持続可能でない成長は他国の成長への脅威となる．10〜20年前には問題にならなかったような環境リスクが，世界中に広がっている．地球レベルの課題に対しては，地球レベルの解決策が必要である．いまや，持続可能性のバウンダリーと目標に関する世界的な合意によって，地方や国家，地域など異なる規模での開発に上限を設けなければならない．それゆえ，地方の取り組みや技術革新を支える，環境と開発に関する地球レベルのガバナンスを強化することが必要となるのだ．

　しかし，トップでのガバナンス強化は，ボトムでのガバナンス弱体化を意味するわけではない．反対に，トップとボトムの両方のレベルで社会を変革し，持続可能な世界に向けて役立つプロセスに二重の圧力をかけるべきであると私たちは信じている．一つの方法は，国連における多国間のガバナンス体制の強化であろう．たとえば，国連環境計画（UNEP）は，世界貿易機関（WTO）や世界保健機関（WHO）のように，地球規模の規制を行う役割をもつ専門機関へと移行し，地域社会やビジネスの力を引き出す戦略を強化すべきである．

　UNEPの改革についてはこれまで長年議論されており，2012年には，その管理理事会にすべての国が加盟できる方式の導入や資金基盤の強化などが採択され，改革に向けての一歩を踏み出した．いまこそ，地球の持続可能性のためのガバナンスのあり方を根本的に変革する決意をし，それを試みるべきだ．それが目指すのは，監視や報告が可能で実効性がある，プラネタリー・バウンダリーのような持続可能性に関する地球レベルの基準に世界的に合意することだ．それにより，人類が繁栄していくのに必要な革新や実験，学習，実践の変革を一歩ずつ積み重ねるだけでなく，プラネタリー・バウンダリーの範囲内で，生態系空間を世界のすべての市民が公平に共有する方法を促進できる．

　それは，こうした取り組みや技術革新がどうあるべきかを私たちが決めることを意味しない．しかし，すべての国家やビジネス，地域社会がゲームのルールを共有する活動領域のあり方を明確に定めることは喫緊の課題である．地球規模の炭素税からすべてのプラネタリー・バウンダリーに関する国

際的合意まで，一連のグローバルな規制措置が新たに必要であるが，それら
は市場経済の機能，あるいは創意工夫や技術の進歩を妨げるものではない．
反対に，市場は社会が作るものであり，人類の幸福をもたらすという市場本
来の役割を果たすために「救いの手」をつねに必要としているのだ．

　回復力があり，正しく機能する地球システムを求める権利を各個人がもつ
ことを国際的に認めるなど，新しい法規制や規範，価値観が必要だ．また，
協働で取り組みを進めるための効果的な法令遵守の仕組みも求められる．
1992 年にブラジルのリオデジャネイロで開催された国連環境開発会議
（UNCED）において，自治体や政府が天然資源を保全しながら貧困や環境
汚染に持続可能な方法で立ち向かう戦略を示したアジェンダ 21 が採択され
た．アジェンダ 21 は自主的な行動計画であるが，それを踏まえて地球規模
の持続可能性に向けた新たな戦略を策定する必要がある．

　そのための重要な一歩は，ミレニアム開発目標（MDGs）の後継となる持
続可能な開発目標（SDGs）の策定である．2000 年の国連ミレニアム・サ
ミットの成果としてまとめられた八つの MDGs は，とりわけ貧困と飢餓の
撲滅への国際的な取り組み強化において大きな成功を収めてきた．現在，次
なる目標として，地球が安定した状態で安全に機能する空間内での開発とい
う考え方に基づいた新しいパラダイムである SDGs の輪郭が明らかになりつ
つある．

　SDGs に関する議論は，潘基文が設置し，2012 年の国連持続可能な開発会
議（リオ＋20）の基礎を築いた「地球の持続可能性に関する上級会合」から
始まった．世界のリーダーたちは，地球の持続可能性がいまや貧困撲滅の必
須条件であり，増大する地球環境リスクが開発の進展を阻む可能性があると
いう事実について初めて意見を交わした．その後，SDGs に関する政府間協
議プロセスである国連オープン・ワーキング・グループが 2013～2014 年に
SDGs の草案の議論を進め，プラネタリー・バウンダリーの範囲内での開発
のあり方が SDGs の最終案に反映された．

　最も重要なのは，SDGs の最終案が，人類社会の「最終的な取り組み」と
もいえる野心的な目標を設定していることだ．その目標は，たとえば，貧困
や飢餓の「半減」ではなく，「根絶」である．また，すべての人に教育や医療
サービスを提供し，ジェンダー間の平等や透明性の高いガバナンスを実現す

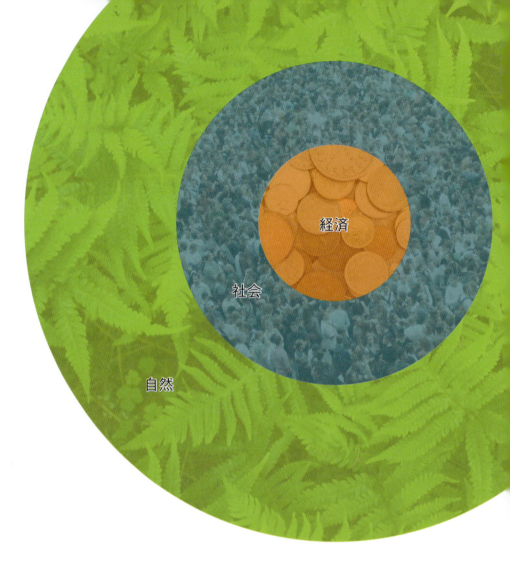

図7.1 人新世における持続可能な開発のための新しいパラダイムへの移行 貧困と飢餓の根絶から経済成長まで，世界の開発目標を達成するためには，プラネタリー・バウンダリーの範囲内での豊かさの追求が必要である．それは，回復力が高く安定した地球システムが安全かつ公正に機能する空間の範囲内で，世界が発展することである．こうして経済が自然資本や社会資本を犠牲にして発展するという現在の開発パラダイムは変更され，ときに相反する要素とされる社会，経済，環境の三つの柱が並列するモデルから脱却していく．「経済は地球が安全に機能する空間内で発展し，社会に貢献する」という世界的な論理へ移行していく必要がある．

ることである．SDGs の 17 の目標と 150 を超えるターゲットは，基本的に九つのプラネタリー・バウンダリーすべてに及ぶ地球の持続可能性に関するものを含んでいる．海洋や気候，生態系そして淡水に関する明確な目標もある．つまり，SDGs は全体として，人類の進歩が地球の回復力に依拠することを世界のリーダーたちが認識した新しい開発論理の始まりを示しているのだ．

こうした統合的な SDGs の枠組みを進めるにあたっては，社会，経済，環境の三つの独立した柱を基礎としたこれまでの持続可能な開発の枠組みから離れ，モナッシュ大学のデヴィッド・グリッグス率いる研究チームが発表した論文にあるように，経済が社会を支える手段として機能し，一方で，社会はプラネタリー・バウンダリーを超えずに安全に機能する空間内で発展するという，入れ子構造の開発の枠組みを選択する必要がある．

新しい緑の色合い

成果はまだほとんどないが，新しい地球レベルのガバナンスについて政策決定者が交渉を続ける一方で，ますます多くのビジネス・リーダーが「従来通りのやり方」はもはや選択肢になり得ないと理解し始めている．最近まで，経営者の大多数は，彼らの利益志向のビジネスを環境意識できれいに包み隠すことが「環境スチュワードシップ」であると考えて経営をしていた．こうした表面的な偽装により，環境に熱心であると見せかけた年次報告書や決算書がたくさん発表されてきた．しかし，現在では，このようなアプローチに変化が見られる．経営者は，人新世を脅威ではなく，今後の市場におけるリスクや新たなビジネス機会に関する戦略的な「インサイダー」情報を提供するものとして，つまり中核事業の一環として捉え始めているのだ．

WBCSD による活動指針「ビジョン 2050」と「アクション 2020」がその一例である．「ビジョン 2050」はビジネスが 2050 年までに持続可能性に到達するための道筋を示し，「アクション 2020」は「ビジョン 2050」の達成に必要な行動を定めている．「アクション 2020」は，プラネタリー・バウンダリーに関する科学的研究成果を，ビジネスの実行可能な目標に落とし込んだものだ．それは，科学的根拠に基づく炭素排出量の範囲内にとどまり，既存の農地のみで水と肥料の使用量を増やさずに農業生産高を増やし，森林伐採と生物多様性の損失を止めることにより，安全な機能空間の範囲内でビジネ

168 第 7 章 環境に対する責任の再考

スを発展させる一連の「不可欠な」緊急行動を特定している.

　同様に,「シェル・エネルギー・シナリオ 2050」は,地球規模の資源逼迫や環境リスク,エネルギー需要の急増を併せた「革新的な移行」期について述べている.その最新のシナリオは,社会的かつ生態学的要求を満たす持続可能なエネルギーの未来への「青写真」を示している.また,PBL と SRCによる「2050 年に向けての正しい道筋」は,欧州の持続可能な将来像をいかに実現できるかの評価を行い,気候やエネルギー,土地,生物多様性に関して安全な機能空間の範囲内で,経済発展を進める余地は十分にあることを示した.

　地球規模の持続可能性への最も包括的な展望を示しているのは,テラス研究所の大転換イニシアティブ(GTI)によるシナリオ分析だろう.プラネタリー・バウンダリーの大半を網羅したこの分析は,安全な機能空間の範囲内にとどまりつつ人類すべてに公平な未来を提供することが,いかに困難な挑戦であるかを示している.つまり現在の開発パラダイムの中では,すべての政策選択を最も野心的かつ楽観的に実施したとしても,人類がプラネタリー・バウンダリーの安全な範囲内にとどまることは非常に難しいことを示したのだ.

　GTI の分析結果は,いま行動を起こすことは可能であるということ,しかし,社会・経済システムの「微調整」だけでは十分ではないことの二点を示している.そのような大転換を始めるためには,現在の経済や制度,価値観,生活様式を抜本的かつ体系的に変える行動が,ただちに必要であるということだ.こうした変革は成長と繁栄を妨げるものではなく,むしろ可能性を広げていくものであるということが重要なポイントである.地球の回復力なしには世界の繁栄はあり得ないのだ.この変革が間に合うのかは正直にいってわからない.しかし,持続可能な豊かさに向けて,社会的な転換が起こっているという勇気づけられる事例が現れつつある.

　数十年前に豪州のグレート・バリア・リーフ海洋公園で始まった取り組みは,国家レベルにおけるそのような事例の一つである.豪州でも,他国と同様,気候変動や汚染,魚の乱獲などの人為的かつ自然的な圧力に直面し,脆弱なサンゴ礁の生態系の保護が困難となっていた.ジュゴン,カメ,サメなどの数が減少し,グレート・バリア・リーフ本来の生態系システムがもはや

十分機能していないことは明らかであった.

そのような中, 漁獲の全面禁止区域をサンゴ礁区域の6%から33%に拡大し, 世界最大の禁漁区を設定する構想が浮上し, 大きな論争の的となった. まずはサンゴ礁が危機に瀕している現状を地域社会に理解してもらい, より広い区域でのサンゴ礁の保全と柔軟な対策の実施に関する支援を地域から得ることが最重要課題として浮かび上がった. そこで, プラネタリー・バウンダリーに関する共同研究者であり, 豪州研究会議 (ARC) でサンゴ礁研究を率いるジェームズ・クック大学のテリー・ヒューズ教授をはじめとする第一線の科学者が協力し, 大規模な「危機に瀕したサンゴ礁」に関する地域住民協議キャンペーンを展開した. その結果, 住民の理解が高まり, 禁漁区の設置に漕ぎつけることができた.

こうして禁漁区の拡大に成功したグレート・バリア・リーフ海洋公園の例は, いまや回復可能な海洋管理の画期的モデルとして評価されている. SRCとARCは2008年に行った研究で, このキャンペーンが住民の「精神的な転換点」となり, サンゴ礁の保全を望む住民の間で, 生態系が後戻りできない臨界点に近づいているという意識が高まったとの結論を得た. この意識の変化によって, 積極的かつ柔軟に海洋生態系を守る責任があることが理解され, 人間と自然に関するより統合した視点に到達できたのである. 世界の生態系の保全に必要な変化をもたらすには, 法律や規制だけでは十分でなく, 科学の力と住民の支援が不可欠であることが明らかになったのだ.

計測することの重要性

人間は, 理解できないものは無視し, 計測できないものは管理しない. したがって, これまでの30年間は, 現在, 地球規模で起こっている社会・環境問題の兆候にはほとんど気がつかなかった. それに乗じて, 私たちは, 都合よくそのような環境リスクを無視してここまでやってきた. しかし, そのような時代は過去のものとなった. 現実を直視して, 地球に起こっていることを計測し, きちんと理解しなければならない.

それは, 生物圏と再びつながるために必要な意識の変化を起こす重要な一歩でもある. 自然が社会にどのような影響を与えるのかを計測し, 地球システムの変化をリアルタイムで把握することが不可欠である. こうした取り組

170 第7章 環境に対する責任の再考

ブラジルのリオデジャネイロでレブロン海岸を歩く母子.

みはすでに広く行われている．たとえば，気候変動から海洋の化学組成の変化まで，主要なプラネタリー・バウンダリーの大半のプロセスをカバーする全球地球観測システム（GEOSS）が，世界中の科学者と関係機関によって設立された．地球観測衛星群が海水位の変化を観測し，世界中に網の目のように配置されたアルゴフロート（漂流型計測器）が水温や海洋酸性化の変化などを継続的に測定しているのだ．

地球の機能についての理解は進んでいるが，一方でまだわからないことも多い．たとえば，海面上昇の速度や分布に関するデータは不十分かつ不確実である．同様に，世界の主要な海流における海洋と大気の間のエネルギー交換，生物多様性の損失速度，南極や北極，さらにはグリーンランドの氷床の融解量，世界的な気象パターンの変化の結果起こる雲の動きや各地での降雨量の変化，そして大気汚染が世界の気候に与える影響など，いまもよく解明されていないことは多い．確かに，いくら測定しても確証は得られないかもしれない．しかし，自然のリスクをよりよく理解し，賢く管理するために徹底的に計測する必要があるのだ．

中でも優先すべきは，生態系の回復力を維持するうえで決定的に重要な役割を果たす生物多様性の損失に関する調査である．地球上の生物種の豊かさについては依然としてわからないことも多く，何を失っているのかわからないうちに生物多様性を大きく減少させてしまっている．

しかし，計測だけでは十分ではない．地球がどのように働き，どのように変化するのか，そしてそれがどのように社会に影響を与えているのかについて人々と知見を共有する必要がある．そのためには自然科学と社会科学のより深い統合が必要である．幸い，世界を代表する研究機関では，自然と人間の相互作用に取り組む機運が高まっている．地球規模で持続可能性を達成するための地球システムの研究に取り組む世界最大の国際科学プラットフォーム「フューチャー・アース」が設立され，科学者と科学者以外のステークホルダーが協力して，持続可能な地球への移行を支える新しい知識の形成がなされつつある．

また，計測，理解，社会というそれぞれの「点」を結んでいく必要がある．持続可能な世界のリスクと機会に関する理解は，まだ十分に進んでいない．地球環境のリスクに関して市民が知らないのは，わかりやすく，興味を

引き，また誰もがアクセスしやすい情報の不足によるものであり，さらには，急速に進む科学的知見に教育制度が追いついていないことにもよる．そこで，教育が一番の優先課題となる．たとえば，中学校の教室にある地質時代区分図に人新世を加え，それがどのような特性をもっているか説明するようにすれば，それだけでかなりの効果が期待できる．また，高校や大学においても新たなカリキュラムを策定すべきだ．とくに，社会の厚生を増進するためには，経済をプラネタリー・バウンダリーの範囲内にとどめることが必要なことを理解する学生を育成する必要がある．オックスフォード大学のケイト・ラワースが指摘しているように，経済学を勉強する学生が，まずはプラネタリー・バウンダリーについて学ぶことから始めれば，世界は違ってくるだろう．

　環境アジェンダは，政治やビジネスの世界での「二流」の位置づけから引き上げられるべきである．世界経済フォーラムによる最近のグローバル・リスク報告書によれば，世界を代表する企業のトップは，地球規模の環境リスクの発生可能性とそのビジネスへの深刻な影響を，ともに最も懸念すべき事項の一つと認識している．これら企業トップたちが指摘した脅威には，水供給の危機，食料の不足，乱高下するエネルギーや農作物の価格，温室効果ガスの排出量増加，気候変動への適応の失敗などがある．そのほかには，テロや慢性的な財政の不均衡，拡大する所得格差もあげられており，地球規模でのリスクの様相が急速に変化していることを示唆している．企業トップたちが認識しているように，ますます不安定化する現代世界では，社会的危機と生態学的危機が別々に起こりつつあるのではなく，それらが相互につながり，互いに影響し強化しあっている点に大きな特徴があるのだ．

　つまり，環境リスクは，安全保障や安定を脅かすリスク，外交上のリスク，財政・ビジネスのリスクにもなり得る．したがって，環境問題に関する戦略の策定は，これらのリスクの管理に直結する．ところが実際には，世界の多くの市場が関心をもっているリスクは，少なくとも表向きには経済リスクのみであるように見える．企業は市場シェアの喪失と利益率の低下を非常に恐れている．実際，上場企業は四半期ごとに業績や財務の状況を示す報告書を発表するばかりだ．

　しかし，これではあまりに近視眼的ではないだろうか．短期的な利益にの

みこだわっているため，ビジネスは社会的かつ生態学的な厚生を勘案した長期的な成長を無視している．

そのため，四半期ごとの報告書を半年ごとに延長するとか，プラネタリー・バウンダリーの範囲内にとどまるための目標の達成状況を四半期ごとに発表するといったことが必要ではないか．そこでは，炭素や窒素，リン，水の使用など，生態系サービスに影響を与えるものの使用量を開示する．ちなみに，そのために世界資源研究所などが中心となって開発した企業のための生態系サービス評価をはじめ，優れた手法がすでに利用可能である．これによりビジネスが生物圏に再びつながれば，新聞やニュース番組でビジネス・ニュースに続いて「地球の状況」が報道されるようになるだろう．ウォール・ストリート・ジャーナルの金融面の次に地球面がきて，四半期ごとに大企業の温室効果ガスの排出や生態系サービス利用に関する報告が掲載されることを想像してみてほしい．

最終的には，社会全体と知識を共有する大掛かりな試みが求められる．世界の誰もがいま地球に起こっていることをリアルタイムで知ることができる「地球状況室」のようなものを実際に，あるいは仮想現実の中で設置し，それをネットワーク化する構想を提案したい．最先端の地球観測衛星や監視システムと接続した，大型ビデオ・スクリーンに囲まれた大きな部屋を想像してほしい．そこで人々はプラネタリー・バウンダリーと主要な生物圏に関連した，地球レベルや地域レベルの環境の状態を，リアルタイムで見ることができるのだ．

グローバル・コモンズに別れを

地球規模での脅威が高まっている時代に，地方レベルでの自然環境の保護を強化し，自然景観の多様性を保全し，個人や地域社会などによる地方の取り組みを強化するよう主張するのは，一見矛盾しているように見えるかもしれない．しかし，すべては自分の足元から始まるのだ．マハトマ・ガンジーの名言，「この世界に変化を望むなら，まず，自らそれを始めるべき」が意味する通り，中南米のジャガーや北欧諸国のオオカミ，南アジアのトラを保護することや，インドの村に淡水設備を整備し，ニジェールの村はずれの畑に雑穀の種をまくことなど，「ボトム・アップ」からの積み重ねが大切だ．

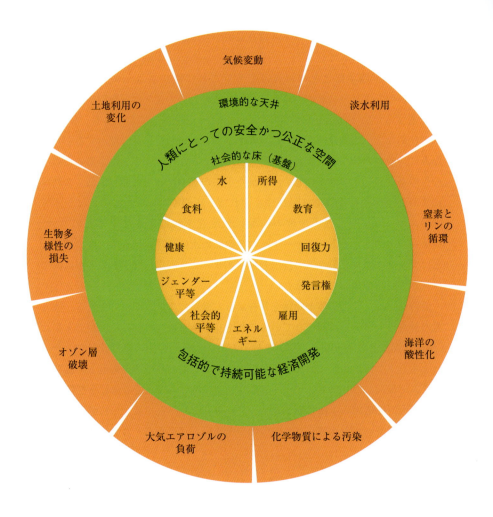

図7.2 人類にとっての安全かつ公正な空間 地球の生物物理学的な限界（プラネタリー・バウンダリー）を人類の発展の天井とみなす場合，オックスファムのケイト・ラワース（現在はオックスフォード大学）が指摘しているように，社会的なニーズを床（ソーシャル・フロア）と想定してもよい．社会的な床ないし基盤は，資源や生態系，大気空間，安定した気候へのアクセスなどの普遍的な人権，よりよい生活を営むうえで必要な公平性，人の尊厳，回復力，主体性などから構成される．

「外部」にある複雑な環境を示す「グローバル・コモンズ」や経済の「外部性」という概念は，人間と自然が別々の存在であるとみなされた古いパラダイムのものであり，もはや現状に即したものではない．「小さな地球の大きな世界」となった今日の状況では，皆が同じ共有地（コモンズ）の一員であり，気候システムやオゾン層，水循環などの共有する環境における変化が，地域経済に直接跳ね返ってくる．相互につながり，環境的には限界まで達している今日の世界においては，外部性はもはや存在しない．有限な資源から清浄な空気に至るすべてが，人類の幸福に向けた取り組みの不可欠な一部なのである．

したがって，責任ある所有者がいないために管理が行き届かないこれまでのグローバル・コモンズという考え方はもはや存在しないと主張したい．人間が自然環境に負荷をかけすぎた結果，地球システムからのフィードバックが生じ，私たちの誰もが環境のあらゆる局面に対し，責任を負うようになったのだ．人新世では，その運命が人類の未来を左右するのだから，私たち皆がグローバル・コモンズのすべての部分を「所有」し，責任を負わなければならない．

次ページ：カメルーンで撮影した天の川．

第8章
両面戦略

　よいニュースがある．持続可能な未来が実際に可能であるという証拠が，山のようにあるということだ．必要とされている地球規模の変革をもたらすために，数多くの技術や取り組み，そして仕組みがすでに存在している．結局のところ，人新世というのは，単に人間の負の影響ばかりの時代とは限らない．「よい意味」での人新世では，人間による大規模な技術革新によって，プラネタリー・バウンダリーの範囲内で，世界を豊かさの時代へと導くことができる．安定した地球を維持するという制約の中でも，全人類の健康と繁栄が達成できるというストーリーは，いままで決して語られることはなかった．いま，それを語るときがきた．

　それはまず，私たちの意識の変革，つまり世界観を変えることから始まる．第二部で論じたように，古い考え方は捨て去らなければならない．たとえば，経済成長と自然とは関係ないとか，環境問題は開発の邪魔になるという考えは，時代遅れの概念だ．実際には，その正反対こそが真実である．つまり，人類の繁栄のための持続可能な基礎を築くには，社会を生物圏に再び結び付け，その回復力を強化すべきだ．安定した気候から豊かな生物多様性まで，地球上の生命を支える多くのシステムは，現代の経済の前提条件である．人新世においては，持続可能性こそが繁栄の鍵なのだ．

　そのような人々の意識改革には，おそらく何世代にも及ぶ時間が必要となるものだが，私たちにそのような余裕はない．プラネタリー・バウンダリーの安全圏内にとどまるためには，環境への負の影響が生じる速度をこの10

　サラワクのプランテーションは，多様性に満ち回復力をもたらす熱帯雨林を，アブラヤシだけの単一栽培に置き換えてしまった．これによって，短期的な利益がもたらされる一方，環境変化に対する不確実性を生む．

180 第 8 章 両面戦略

年以内に抑える必要がある．30年も待つことなどできない．自己加速しかねない地球プロセスの引き金を引くリスクを減らすために，いますぐにでも手を打つ必要がある．さもないと，人類はおそらく今世紀中に悲劇的な結果に苦しむことになる．そのような理由で私たちが提案するのが，政治リーダーとして，ビジネス・マネージャーとして，そして一市民として取るべき以下の「両面戦略」だ．それは，(1) ただちに最も重要な課題に取り組み，それを解決すること，そして，(2) 人々の意識変革を長期的に促進するため必要な行動をとること，この二つである．意識改革とは，この本が目指す「どのようにして人間社会と私たちの価値観を美しい自然や地球の回復力に再び結び付けることができるか」という基本的な問いに関するものである．

　まず，最初のゴールである喫緊の重要課題の解決から議論を始めよう．将来のために人類がいますぐに取り組むべき分野が二つある．一つは世界経済の脱化石燃料化，もう一つは持続可能な食料供給の実現であり，いずれも，地球規模で行うことが鍵だ．その両方が人類の直面する大きな課題を解決し，社会と経済に利益をもたらし，安定と安全を確保し，そして，プラネタリー・バウンダリーの目標全体の達成に相乗効果を生む．両方の分野において，私たちはすでに成功のノウハウをもっている．この二つの分野における迅速な転換を可能にする投資や技術革新，さらに政策を活性化するためには，まず，プラネタリー・バウンダリーの範囲内にとどまりつつ，現代のエネルギーと食料へのニーズを満たすことに，世界的に合意しなければならない．それには，2009年にコペンハーゲンで世界のリーダーたちが同意した2℃までの温暖化を遵守し，それに見合った地球全体の炭素排出量の範囲内で活動する必要がある．（もっとも科学は1.5℃がより安全だと主張してはいるが．）もう一つは，生物多様性の損失や農地の拡大をゼロにし，河川の流れを維持しながら窒素とリンの循環を閉じて，プラネタリー・バウンダリーの範囲内で食料を生産することだ．

パワー・アップ

　すぐに実施すべき最初の解決策は，再生可能エネルギーへの転換である．現在の知見によると，これは今世紀の中ごろまでに達成可能である．第一に，再生可能エネルギーの潜在供給力は，世界全体で必要なエネルギーの総

量よりも何倍も大きい．現在の世界の一次エネルギー消費量は約 500 EJ であるが，持続可能な風力発電だけで 1000 EJ を超える潜在供給力がある．バイオマス，太陽光，地熱，水力発電を加えると，すべての再生可能エネルギーの持続可能な潜在供給力は 1 万 1000 EJ を超える．さらに，エネルギー利用効率を向上させる技術や取り組みによって，エネルギー供給の余裕ができ，コストも削減できる．

　ドイツの「連邦政府気候変動諮問委員会（WBGU）」による最近の研究は，エネルギーについて明るい将来図を示した．技術的に実現可能な戦略の実施により，世界全体のエネルギー需要の増加を考慮しても，2050 年までに，原油や石炭，天然ガスから全面的に脱却できることを示したのだ．この脱化石燃料への移行は，最も困難な挑戦ではあるが，発電や暖房，輸送システムのために化石燃料の使用をやめれば達成されると報告書は指摘する．まず，暖房と冷房は，電気ヒート・ポンプや太陽熱エネルギー，さらには，発電所や工場からの廃熱が二次的に使用できる熱電併給システム（CHP），つまり，コジェネレーションの活用で対応できる．電気や水素，メタン，天然ガス，または燃料電池によって動く車がガソリン車に取って代わる．報告書はまた，エネルギー効率の改善と消費の節減により，世界の冷暖房需要を年間で 1 パーセント減少させ，総電力需要を年間で 1 パーセントの増加に抑えることを提案している．その達成は容易でないが，十分に可能なものである．

　2012 年に作成された，世界のエネルギーの将来に関する主要な国際的研究である GEA も同様の結論を出した．その研究では，再生可能エネルギー・システムに大規模な投資を行えば，将来のエネルギー需要の増加に対応しつつ，2050 年までに世界のエネルギー・システムを脱炭素化できるとしている．GEA は，年間で約 1 兆 5000 億米ドルあれば，クリーン・エネルギー技術への大規模な投資に十分であると見積もっている．現在の化石エネルギーへの補助金の規模は，世界で年間 5000 億〜6000 億米ドルにも達しており，それは，安定した地球気候を確保できる将来のクリーン・エネルギー社会へ世界を転換するために必要な投資の約三分の一に相当する．したがって，すでに G20 諸国が約束している化石燃料の補助金の段階的な廃止だけで，将来の再生可能エネルギー社会へ向けた長い道のりを歩み出すことがで

きる．さらにいえば，これらは世界全体の GDP に比べるときわめて小さな数字だという事実だ．IPCC ワーキンググループⅢが第 5 次評価で示したように，地球温暖化を 2℃以内にとどめるための改善努力は，経済成長をわずか 0.06 パーセント下げるだけなのだ．

　同様に，フェリペ・カルデロンが率いる「経済と気候に関するグローバル委員会」が 2014 年後半に発表した「新しい気候経済」に関する報告書でも，経済成長と脱炭素化された世界経済への移行の間に矛盾がないことが，説得力をもって示された．今日，ほとんどの研究分析において，脱炭素化に向かう過程では，短期的にそれほどのコストがかからず，中長期的に収益率が高い諸投資が期待できることが示されている．

　この世界的なエネルギー革命を始動させる最善の方法は，世界的な炭素価格の導入である．世界のエネルギーに関する分析のほとんどは，2050 年までに，二酸化炭素 1 トンあたり 50〜100 米ドルの範囲の炭素価格を設定することが必要だと示している．しかし，欧州の排出量取引制度（ETS）では，二酸化炭素 1 トンあたり 20 米ドル以下のレベルで推移しており，これは抜本的な変革を起こすには明らかに低すぎる．スウェーデンだけが，長期的かつ体系的に高い炭素価格を設定しており，1990 年以降，すべてのエネルギー・セクターに，二酸化炭素 1 トンあたり約 100 米ドルの炭素税を課してきた．この税金によって，産業からの二酸化炭素排出を削減しながら継続的に経済成長するという，スウェーデン経済における経済と二酸化炭素排出量の分離が達成された．この炭素税は暖房分野においても変革を引き起こし，最後まで残っていた化石エネルギーの利用を廃して，森林産業からのバイオマス残渣を利用した暖房を広めることとなった．炭素に適切な価格をつけることによって，このように大きなエネルギー転換を起こすことができるのだ．

　このような転換を起こすべきときがきたと，なぜ自信をもっていえるのか？　一つの理由は，再生可能エネルギー技術が市場に十分浸透し，エネルギー市場で支配的になったからだ．経験則では，新しい技術が市場において支配的地位を確立できるようになるには，約 10 パーセントの市場への浸透が必要である．何十年にもわたる急速な成長にもかかわらず，太陽光や風力などの再生可能エネルギー・システムは，いまだ，各国のエネルギー市場で

一桁台のシェアしか占めていない．しかし，状況は急速に変化している．ド
イツなどいくつかの国で，再生可能エネルギーは，すでに目安となる 10
パーセントの市場浸透度に達しつつある．

　もう一つの理由は，もちろん，地球上の二酸化炭素排出量を緊急に削減す
る必要があるからである．第 2 章で見てきたように，地球の温暖化を 2℃以
下にとどめるためには，世界経済は 2050 年までに脱炭素化しなければなら
ない．そして今世紀の後半には，排出されるよりも多くの炭素を土地やバイ
オマスに吸収させることによって，二酸化炭素の排出をマイナスにしなけれ
ばならない．二酸化炭素を含む長寿命の温室効果ガス排出の三分の二，また
は二酸化炭素排出量の 78 パーセントは，エネルギー・システムで化石燃料
を使用することが原因である．この問題を解決できれば，気候に関する問題
の大部分を解決することができるのだ．

　言い換えれば，地球規模でエネルギーを転換すれば，世界の気候に関する
危機はおおよそ解決し，豊かな国だけでなく貧しい国にもエネルギーを供給
し，今日，利用可能な化石燃料の代替手段を広げることになるのだ．技術的
にも経済的にも，私たちは持続可能な未来に向けて，ただちに動き出す準備
ができている．

新しい緑の革命　三つの課題

　すぐに実施すべき第二の解決策は，持続可能な農業への移行である．これ
もやはり，世界人口が 90 億人になり，いまより 50 パーセント以上多くの食
料を必要とするようになる今世紀半ばまでには，達成可能になるはずだ．今
日の農業は，生物多様性の損失と温室効果ガスの排出の最大の原因の一つと
なっている．ちなみに，世界の温室効果ガス排出量の約 30 パーセントは農
業生産に由来する．その内訳は，おおむね土地の耕作で半分，森林破壊で残
りの半分となっている．農業は，陸地のほぼ 40 パーセントを使用する世界
最大の土地利用形態であり，河川からの淡水の約 70 パーセントを灌漑のた

　　前ページ：ここ，ドミニカ共和国で見られるように，持続可能な農業を実現して
　　世界に十分な食べものを供給するには，生物科学と先住民の伝統的知識の両方が
　　必要である．

めに利用する最大の淡水利用形態でもある．さらに，農業は，窒素とリンを水域に排出することで，富栄養化の主な原因ともなっている．このように，食べものの生産には，私たちが支払う対価よりもはるかに大きなコストがかかっているのが実情だ．

大きな農業の環境影響（フットプリント）は，1950年代以来の農業近代化に起因する．20世紀後半に農業生産性の大幅な上昇をもたらした「緑の革命」は，肥料，トラクターや食品加工に使われる化石燃料，化学肥料の大規模な使用を基礎にしたものだった．私たちがいま必要としているのは，生産性をさらに向上させ，環境への影響を減らし，水資源を持続可能に管理するという三つの課題に対応する新しい「緑の革命」である．具体的には，科学や農業，企業，社会の間で地球規模の協力関係を構築することにより，耕作や輸送，加工，肥料生産において化石燃料への依存を減らし，流出分を回収して栄養素の流れを閉じたものにし，また，水の生産性を向上させることなどによって環境の回復力を強化することが必要だ．これらの目標を達成するための鍵には，たとえば，農場から食卓までの間に30パーセントも失われる食品ロスを削減し，肉食に偏りすぎた食事を再考し，雨水を集めたり流水を蓄えたりするような昔ながらの方法も活用して水管理を改善することなどが含まれる．

世界の多くの地域では，現時点の農作物の実際の生産量と最新技術によって可能となる生産量との間に，まだ大きなギャップがある．たとえば，アフリカのサバンナ地域の大部分においては，トウモロコシ，ソルガム，キビなどの主食作物は，1ヘクタールあたり4〜6トンは収穫できるはずだが，実際の平均収穫量は1ヘクタールあたり約1〜2トンにとどまっている．

最大の課題は，水を安定的に確保することである．たいていの場合，これらの地域は，水の年間総量は十分であるが，その大部分はほんの数回の大量の雨によってもたらされることが多く，長い乾季の前後の干ばつと洪水の高いリスクにさらされている．このような地域の小規模な天水依存型の農業システムでは，一般に，降雨量の50パーセント未満しか農作物の生産に用いられていない．残りは蒸発や流出によって失われ，土壌浸食や土地劣化を引き起こしている．土壌や水の保全や小規模な灌漑システムの導入などの水管理の改善によって，生産性を大幅に向上させることが可能になる．集中豪雨

のときに大量に流出する雨水を貯留する超小型のダムを建設し，それを補助的な灌漑用水として活用するなど，雨水をより有効に活用する戦略に投資すれば，農業に付随するリスクの改善に大きく貢献し，これ以外の改善策への投資を誘発することになる．

　しかし，水に関する対策だけでは目的は達成できない．農家はより多くの肥料を求めている．米国や欧州の農家では，年間で1ヘクタールあたり100キログラム以上の窒素とリンを使用している．それに比べ，アフリカの多くの農家では，1ヘクタールあたり年間で10キログラム以下の窒素とリンしか使用していない．作物を収穫すると1ヘクタールあたり50キログラムもの養分を失うので，当然，アフリカの土壌は徐々に劣化し，生産性を失うこととなる．

　このような農家のための「三つの緑の解決策」は，土地により多くの肥料をまくことではなく，土壌，栄養素，水の三つの管理を，持続可能かつ安価な方法で改善していくことだ．たとえば，耕すことを例に取ろう．土地を耕すと効果的に雑草を減らすことができる．しかし，それにより，最も養分が豊かな最上層の土壌が熱と浸食にさらされることになる．熱帯地域では，これは有機物を急速に酸化させ，その結果，二酸化炭素が放出されるだけでなく，土壌の保水能力や作物が根を張れる深さ，そして雨水を吸収し浸食を防ぐ能力を低下させてしまう．農地を耕すことは，土壌の肥沃度を徐々に低下させることとなる．

　対照的に，農家が保全耕うん法を採用すれば，土壌が鋤によって掘り起こされることはない．その代わり，土壌は，作物を植え付ける線に沿って少なくとも15センチメートルの深さまで掘り開かれる．この深さは，伝統的な耕うんの深さを上回っている．これによって，雨水が集まる「極小の溝」が形成され，また肥やしや化学肥料を無駄なく正確に投入できる．これは，実際には，できるだけ自然のメカニズムを模倣して，有機物や微生物の活動を土壌中で高め，生産性を引き上げていこうという発想に基づく．

　最近，ガーナ，ジンバブエ，ニジェール，ケニア，タンザニアなどの国

前ページ：アフリカで最も人口密度の高い国であるルワンダでは，利用可能な土地はすみずみまですべて耕作に用いられている．

で，この不耕起農法が広がっている．米国の農民の約25パーセントもまた，従来の耕うんを基本とする方法を不耕起農法に切り替え，ウルグアイ，パラグアイ，ボリビアなどの中南米の国々でも，農家の70パーセント以上が同様にしている．オハイオ州立大学のラッタン・ラルは，このような方法で農業を行うことで，農業を主要な炭素排出源から炭素吸収源に変えることができ，結果的に，現在の世界全体の年間炭素排出量の10パーセント以上にあたる1ギガトンを減らし得ると評価している．

　土壌を豊かにするもう一つの方法は，廃棄物を再利用することである．現代の農業はまったく循環的になっていない．窒素やリンを含む肥料が農場で使われる一方で，そこで廃棄されたり漏れ出したりした肥料が排出され，淡水や海洋システムを汚染している．この栄養素を循環させることが重要な課題だ．生産的な下水システムはそのための戦略の一つとなる．私たちの食物になる窒素とリンのほとんどは，排泄物や廃棄物として環境に戻る．糞と尿を分離する生態学的下水システムと都市部の処理済み廃棄物を再利用するさまざまなシステムを組み合わせて，栄養素をもとの農地に戻す．これにより，窒素やリンの環境負荷を減らし，安価な肥料を供給し，有限なリン資源への需要圧力を減らすことができる．栄養素を循環させることは，窒素とリンを安全な範囲で利用するために必要な戦略である．同時に，肥料が十分に使われていない多くの貧しい地域では，この循環的で安価な肥料をもっと多く利用することができるようになる．これも，重要な点である．

　バイオテクノロジーの進歩も，新しい緑の革命の三つの課題に対処するうえで，重要な役割を果たすだろう．世界中で起きている農作物の問題は，規模が大きく進行がきわめて速いため，遺伝子作物の研究において，新しい突破口を開く必要がある．そのための方法として，たとえば多年生穀物の開発があげられる．それにより，耕うん回数を大幅に減らすことができ，根が深いので干ばつや日照りへの耐性を強化することもできる．これは，耕作地をただちに炭素発生源から炭素吸収源に変えることにもつながる．同様に，干ばつ耐性が高い，栄養価が高い，生育期間が短いなどの有利な遺伝的特性を，一年生穀物に組み込んでいくこともできる．

　以上の早急に取り組むべき短期的な解決策をまとめると，人類は再生可能エネルギーと農業改革に焦点を当てることで，持続可能な世界への移行にた

だちに着手できるということだ．しかし，持続的な変化をもたらすには，新しい時代のリーダーシップや刷新，技術革新の契機となる世界観の長期的な転換を起こす必要がある．

青い大理石

　1968年のクリスマス・イブに宇宙船アポロ8号が月の軌道を回ったとき，宇宙の巨大な暗黒を背景に，地球がまるで青い大理石のように地平線から現れてきた．そのとき初めて，人類は自らの故郷である地球を一つの壊れやすい球体なのだと理解した．「その圧倒的な孤独は，畏敬の念を起こさせ，地球にある存在すべては，かけがえのないものだとわかった」と，宇宙飛行士のジム・ラヴェールは語った．歴史上で最も有名なものの一つとなった宇宙飛行士ウィリアム・アンダース撮影の「地球の出」(iページ参照)の写真によって世界中の何百万人もの人が，私たちが共有しているこの惑星の遺産を守ることの重要性を瞬時のうちに理解した．

　悲しいことに，ここ数十年の間，私たちはそのメッセージを忘れてしまったようだ．世界経済が前例のない成長を遂げる一方で，地球環境が急速に悪化していることをまったく無視してきた．安定した気候，十分な淡水の供給，清浄な空気，生物多様性はすべて，正常に機能している成層圏，大気圏，水圏，生物圏，氷圏によって生み出されていることを忘れていた．代わりに，環境保全は経済的コストであり，ひいては成長への負担だと誤った認識をして，地球を虐待し，そこから恩恵を受けてきた．私たちは成長と持続可能性のどちらかを選択しなければならず，両方は手に入れられないと信じ込んでいた．

　第3章で見たように，自然と社会の関係に関するこれらの誤った仮説に執着してきた結果が，いま顕在化しつつある．人間の活動によって，安定した地球を安全に維持できる範囲をはるかに超えて，気候変動や淡水利用，土地利用，栄養過剰，大気汚染，生物多様性の損失，化学汚染などが深刻になっている．人類は，まるでサブプライム・ローンのように地球を操作し，身の丈以上の生活をするために地球を搾取し続けることはできないのだ．

　自然資本の価値を正確に測り，経済の中に組み込むべきときがきた．私たちは，現在に至るまで，生産と消費システムの真のコストを負担してこな

かった．簡単にいえば，私たちは自らをだましてきたのだ．実質的に経済発展の唯一の総合的尺度である GDP を増やす一方で，土地を劣化させ，空気を汚染し，淡水の集水域を破壊し，熱帯雨林を伐採し，極氷の融解を促進してしまった．世界経済が実際には生物圏のサブシステムであることを認識し，環境との関係を逆転させなければならない．人類に奉仕するためには，経済活動は，地球の生命維持システムの範囲内で行われる必要がある．それは，将来の世代のためだけでなく，今日における国々の安定と安全のためでもあるのだ．

　世界の開発モデルに矛盾が現れているいまこそ，人間の進歩を的確に把握するため，人間の総合的な厚生を測る GDP より優れた指標が必要である．地球規模の持続可能性，公平性，回復力，そして幸福などが，人類の新しい発展を定義する重要な要素でなければならない．現在の指標は，この観点からはまったく不十分である．成長の飽和レベルに達しているより豊かな国では，人間の幸福に関し，より広範な社会学的，生態学的な視点を導入する必要がある．一方で，途上国では，貧困を緩和するため，効率的かつ効果的な成長への投資が重要となる．

　人口が増大し，ますます豊かになっていく地球で，人類の厚生を伸ばす方法を見つけることは，人類にとって最も新しい挑戦である．1990 年には，世界の人口の 42 パーセントにおいて，1 日あたりの収入が 1.25 米ドル以下の絶対的貧困の状態にあったと推計されている．2015 年までに，その比率は 10 パーセントまで下がったと推定されている．2005 年以来，世界は年間二桁の成長率を達成し，これにより南アジアでは約 4 億 3000 万人，東アジアでは 2 億 5000 万人が貧困から脱することができた．しかし，これまで見たように，生態系サービスを保全せず，地球の持続可能性を尊重しない場合には，世界の貧困に対するこの成果は今後持続できないと，多くの研究が指摘している．今日の貧困を根絶する戦いの進展は，人類が地球にかける圧力が増え続けるため，地球からの環境上のしっぺ返しにより，明日には台なしになってしまう可能性があるのだ．

　今日の開発パラダイムでは，共有される地球の生態学的スペースの保全に誰も責任をもっていない．そのような中で，すべての国が国益を議論している．そこでは，第 7 章で議論したグローバル・コモンズ（世界の共有資産）

192　第 8 章　両面戦略

サラワクのバクン・ダムなどの水力発電プロジェクトは，ほとんど炭素を排出せずに発電を行うが，一方で少数民族や自然環境に負の影響をおよぼす．

という概念はもはや存在しない．地球の資源は，無料のランチ同然と見なされ，強欲な人たちが彼らの欲するものの大半を手にし，その傍らで飢えた人たちが何も手にしないで呆然と立ちすくんでいる．人新世で必要とされるのは，世界の残された生態学的スペースを，正義と人権に基づいて公平に分配することだ．

　その目的を念頭に，英国の NPO であるオックスファムは，最近，安全かつ公正な人類の発展に必要な社会的かつ生物物理学的な課題に対応するために，プラネタリー・バウンダリーの考え方に基づいた総合的なパラダイムを開発した．そこでは，開発の限界すなわち天井は，どれだけの生態学的スペースが配分可能かというプラネタリー・バウンダリーの考え方によって決まる．天井の下には安全な活動空間があり，その底には床がある．その床とは，よい人生を送るために必要な基本的かつ普遍的な人間のニーズに対応したものだ．食料，住居，健康，エネルギー，教育，回復力，安全保障などの基本的なニーズを表している．それらを満たすためには，たとえば，二酸化炭素濃度を 350 ppm 以下にとどめる前提でまだ残されている炭素排出量バジェットの一部，食物生産に必要な一定量の土地と水，窒素やリンなどの自然資本や地球が供給するサービスの一定の部分を使うことになる．このような核心的な社会のニーズに対応するために，地球の生態学的な容量を使用する権利は，必要不可欠かつ普遍的なものである．そこで残されたプラネタリー・バウンダリーに基づく生物物理学的な天井と社会的な最低要求水準の床に挟まれた間の部分は，基本的なニーズを超えた願望を満たすために，人間が自由に活動できる部分を示している．

　この新しい人類の開発パラダイムは単純ではあるが，今日のものとは根本的に異なる．その最終目標は，同胞や将来の世代の繁栄を損なうことなく，社会資本と自然資本の公正な共有を確実にすることだ．

賢い投資

　プラネタリー・バウンダリーの枠組みにおける最も重要な洞察の一つは，環境への対応をコストや社会の負担として考えることをやめ，それらを本来の姿で見るようにすることだ．つまり，それを，富と繁栄を創造するために自然に長期的な視点で投資するベンチャー・キャピタルだと認識することで

ある.

20年にわたり，世界各国の代表は，国連気候変動枠組条約の下で，最も有益な「負担の配分」のあり方について言い争ってきた．一体，誰にとって有益だというのか？　それはそれぞれの国のためであって，決して世界のためではない．大気汚染の基準，化学物質の許容限界量，重金属の使用制限，地球規模の森林破壊の抑制，生物多様性に関する国連条約に基づく種の絶滅をなくす方策など，同じような国際交渉が多くの問題について行われてきた．それらは，いまのところほとんど無駄に終わっている．一体なぜなのか？　それは，国の指導者たちが，政治的および経済的な観点からの短期的な費用便益分析に基づいた戦略を作成するからである．そこでは，地球はほとんどつねに過小評価されてきたのだ．

自然資源や生態系，地球気候の持続可能な管理が実際に経済や社会にとって負担だという証拠があれば，このような論理も理解できよう．しかし，「人間が農耕生活を選んだ」という神話と同じように，そのような証拠はどこにもない．従来の経済学においても，生産プロセスは資本財を減耗させ，資産の減損がコストである一方で，資産の保全と維持は長期的な利益になると理解されている．同じことが地球にも当てはまるのだ．

デヴィッド・リカードやアダム・スミスのような18世紀の経済学者の時代にまでさかのぼると，私たちの主張を支持する証拠は圧倒的である．当時，土地は富の重要な源泉であった．しかし，何年にもわたり技術革新が進むにつれて，他の産業資本と比較して土地の価値が徐々に低下し，この当初の基本的な洞察が失われてしまった．彼らのような経済学者の理解は正しかった．安定した気候と農地から得られる農作物をはじめ巨大都市への水供給にいたるまでの生態系サービスなど，私たちが共有する地球環境の資本は，今日の経済におけるさまざまな形態の資本の基礎となっている．

こうして，私たちの経済的な視点の転換は200年も遅れてしまった．自然資本に経済的価値を付与することとは別に，この転換を進めるための重要な第一歩は，持続可能なやり方のメリットを経済の方程式に組み込むことである．そのさいに問われるべきは，「低炭素社会に移行するコストはどれほどか？」ではなく，「低炭素のエネルギー・システムや輸送，食料生産への投資は，家庭や産業セクター，国，地域にどのような利点を生み出すか？」と

195

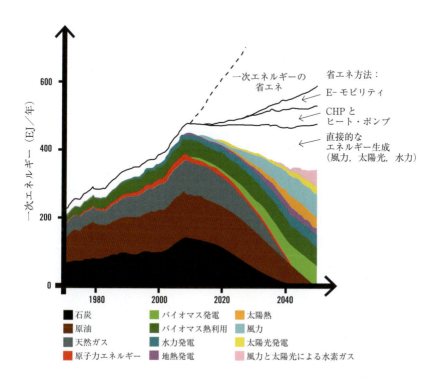

図 8.1 脱炭素化された世界への経路を探る　図のように，今日の多くの分析は，今世紀の後半までに，世界が再生可能エネルギーへ転換できることを示している．安全な地球気候の状態に戻るには，風力や太陽光，地熱，水力，バイオマスなどの再生可能エネルギーの大規模な拡大，効率の大幅な改善や私たちの行動の変化など，多くの局面での取り組みが必要である．地球規模のエネルギー転換がなければ，図の点線のようなこれまでの延長線の経路をたどることになる．熱電併給システムは，たとえば，冷却塔から立ち上る蒸気のような旧来のシステムからの廃熱を逃さず，それを利用可能な熱や電力に戻す非常に効率的な技術だ．

いうことだ.

　鋭敏なビジネス・リーダーは，持続可能なビジネス・モデルや持続可能な国への移行に早い段階で投資すれば，追加的な利益が得られる可能性が高いことをすでに理解している．彼らは，組織にとっての本当のリスクとは，このような流れから取り残されることだと認識している．私たちはますます激しく変動する世界に生きている．そこでは，決定的な転換点を超えたり，資源利用の限界を迎えたりする可能性が喫緊の脅威となっている．その結果，予想できない価格の変動，受け入れがたい破滅的な結果を招くリスク，さらには，資源の激しい奪い合いなどが起こる可能性が高い．つまり，ビジネスや国家にとっての本当のリスクとは，現在の汚く，不健全で，非効率的で，ますます魅力のない成長モデルに執着し続けることなのだ．先頭を切って循環型の生産システムと再生可能エネルギーに移行する国や企業は，未来の世界の最大の勝者となるだろう.

プラネタリー・バウンダリーの範囲内で成長するための両面戦略では，雇用の創出は不可欠である．ベトナムのホー・チ・ミン市では，若いコックがコブラの肉を炒めて料理を作っている.

第9章
自然からの解決策

　車や飛行機の中でも，オフィスや居心地のよい居間のソファにいても，周りを見わたすと，そこにあるすべてのものが自然に由来しているのがわかる．希土類金属から繊維類，プラスチックから木材まで，あらゆる素材は生物圏から取り出されたものだ．私たちの食べもの，家の冷暖房，平均で50種類以上の金属を使用している最新のスマートフォンも，すべて自然が提供するサービスに由来している．したがって，今日の諸問題に対処できる技術革新や広範な解決策もまた，ますます自然から生まれつつあることは驚くに当たらない．

　イタリアのサルデーニャに普通に見られるアザミの例を考えてみよう．そこでは，放棄されたムギ畑に侵入した雑草のアザミの一種から，生物工学の研究者たちが驚くべき発見をした．この棘のあるアザミは，アーティチョーク・シッスルともよばれ，紫色の花をつける．このアザミから取れる油は，タイヤや潤滑油，さらには化粧品に至る多くの産業の基礎材料となる多種多様なモノマーや中間体に変換できることがわかった．そこで，この地域の主要な汚染源の一つであった石油化学工場が2011年に閉鎖されたのを機に，それを世界で最も先進的かつ革新的な環境志向の生物資源精製工場に建て直すことが決まった．2014年1月にポルト・トーレスで稼働した新しい精製工場では，化石燃料の代わりに自生と栽培の両方のアザミを使って，バイオプラスチック産業向けの原材料が生産され始めた．

　この意欲的な事業は，実にタイミングのよい時期に実施された．ちょうど

スウェーデンのエーランドでは，農地と放牧地は古い石の壁で隔てられており，放牧地では，羊がさまざまな動植物と相互作用している．急速に変化する環境は，そのような生態系を危機的な状況に至らしめる．

200 第9章 自然からの解決策

そのころ，イタリア政府が化石燃料から生産したレジ袋を禁止し，生分解性のあるレジ袋のみを許容する決定をしたからである．これにより，この雑草を活用したベンチャー事業は，爆発的に発展する技術となる可能性が出てきた．イタリア人は毎年一人あたり 300 袋以上，合計で 200 億袋以上のレジ袋を消費する．政府はレジ袋を段階的に廃止することで，プラスチック廃棄物や化石エネルギーの消費量を削減し，海洋でのマイクロプラスチックの長期蓄積を減らすことを目指している．この本格的な規制は，先進的なバイオプラスチック産業を後押しする強力なインセンティブになるだろう．

　蚕を利用して帆船に使う高強度ロープの繊維を編むことから，心臓病を治療できるヘビ毒の探索まで，このような自然をベースとした革新的技術がたくさん実現しつつある．さらに，自然ベースの技術は，植物の生物工学的ないしは遺伝子的な変換から，電気自動車やエネルギーを消費しないパッシブ・ハウス（冷暖房設備に依存しない省エネ住宅）の製造に至るまで，環境への影響を劇的に軽減するためにも応用されてきている．また，自然に基づくアイデアは，企業が循環型ビジネス・モデルを採用したり，アルミニウム缶のような製品の再利用によって廃棄物を削減したりする取り組みにも応用されている．プラネタリー・バウンダリーの範囲内で，持続可能な成長をしていくには，爆発的に発展し得る自然ベースの技術の開発，環境への影響を減らすための技術の革新，より広範なシステムの変革の三つ分野で，大きなブレークスルーが必要である．

　このような解決策の多くはすでに確立されているが，まだ十分な規模になっていない．風力と太陽光を例にとって考えてみよう．これらの技術は，すでに経済的に化石燃料ベースの電気や熱の供給に対して競争力があるが，現状では世界のエネルギー使用量の 2 パーセント程度しか提供できていない．一方で，世界の多くの地域で風力や太陽光の急速な成長が起こっている．ちなみに，世界第 4 位の経済規模を誇るドイツでは，再生可能エネルギーは全電力の約四分の一（2013 年）を供給しているが，そのうち 12～13 パーセントが太陽光と風力によっている．

　勇壮なベンガルトラとその生息地を保護することは，人類のための長期的な水供給やその他の生態系サービスを確保するための賢明な戦略でもある．

202　第 9 章　自然からの解決策

　太陽光発電の分野では，過去数十年間の技術進歩によって，多くの新しい可能性が開かれた．1990 年代の主な課題は太陽電池パネルのコストであった．安価なシリカ（二酸化ケイ素）ベースの技術の急速な発展があり，今日ではコストはもはや問題ではなくなった．スウェーデンのウプサラ大学工学部のマリカ・エドフ教授によれば，現在の主要な課題は，エネルギーを費用効率よく蓄える技術だという．長年にわたり，技術開発はドイツ，スペイン，イタリアの企業によって行われてきたが，今日では，技術の進歩は中国，日本，ブラジルからもたらされている．送電のためのインフラが十分に存在しないアフリカでは，いくつかの国が必要な場所で直接電力を生産できる太陽光パネルに注目し始めている．

　まだあまり知られていない未利用の自然由来の技術の可能性はほかにもある．プラネタリー・バウンダリーの範囲内で豊かさを生み出すという観点からは，これらは最も野心的な循環経済モデルより，さらに効果的なものとなり得る．著書『ブルーエコノミーに変えよう（*The Blue Economy*)』で自然ベースの解決策について書いたグンター・パウリは，「持続不可能なシステムを 90 パーセント改善しても，まだ 10 パーセントの問題が残る．しかし，たとえば，プラスチックのような化石燃料をベースにした材料から，竹のような生物材料に切り替えることによって，いずれにせよ持続不可能なシステムから，潜在的に 100 パーセント持続可能なシステムに移行できる」と指摘する．これにより，厚生が高まり，成長も失われない．このように大きな威力のある持続可能な解決策は，現代社会を，持続不可能なものから，完全に持続可能なものに変えていくことができる．

ウジを好きになる

　パウリが『ブルーエコノミーに変えよう』にあげている多くの自然ベースのテクノロジーのうち，最も興味をそそるものの一つは，気持ちの悪い昆虫の幼虫，ウジに関わるものである．私たちの食生活はますます肉食指向になっており，その結果，水や土地，栄養素，生物多様性，気候に人類が及ぼす圧力が，着実に高まってきている．実際，肉を摂ろうとする強い欲求は，世界の農業がプラネタリー・バウンダリーを脅かす主な理由の一つとなっている．肉食は，また，大量の廃棄物も生み出す．私たちが消費するために屠

殺する動物のほぼ半分（欧州では一人あたり約150キログラム相当）は，廃棄物となってしまう．しかし，現在，ウジに畜産廃棄物を分解させて，低コストのウジ・タンパク質を生産し，それを動物飼料として活用するために，ウジの養殖場を開発する革新的なプロジェクトが進行中である．並行して実施されている医学的研究では，このウジは傷口から死んだ組織を取り除き，細胞増殖を潜在的に刺激する非常に費用対効果の高い方法であることも示唆されている．言い換えれば，ウジの養殖場は，今後爆発的に発展しうる持続可能なテクノロジーの一つであり，昆虫を使ったまったく新しい廃棄物管理と健康管理の道を切り開くものとなり得るのだ．

　すでにヘビが好きな人は別として，私たちはヘビ好きになることも学びつつある．今日，西洋社会で最も広く使用されている薬物の種類は，血圧を下げるためのものである．多くは「アンギオテンシン変換酵素（ACE）」を阻害し，血管を収縮させて血圧を上昇させないようにして効果を発揮する．あまり知られていないが，最も広く使用されている ACE 阻害薬，たとえばカプトプリルは，当初，ブラジルの毒ヘビの毒の成分をモデルとした．この毒蛇が噛んだ獲物が血圧の急激な低下のために地面に倒れこむことを研究者が発見し，それがきっかけとなってこのアイデアが生まれた．毒素の天然のままの成分であるテプロタイドとよばれるペプチドは，薬物としての使用に適していなかった．しかし，注意深い創造的な研究によって，薬のどの部分が有効であるかを正確に知ることができ，最終的に私たちが使うカプトプリル薬が開発された．

　自然に基づくビジネス・モデルを採用してきた主要産業としては，繊維産業が際立っている．繊維ビジネスは，エコロジカルな農業から綿を調達し，化学染料が原因の汚染を減らすなど，持続可能な生地の割合を増やそうと長年にわたり努力してきた．しかし，スウェーデンの衣料品会社であるＨ＆Ｍのような大企業では，それだけでは不十分だと認識している．リサイクルを徹底し，繊維を完全に再利用することが長期目標だと考えているのだ．リサイクルされた綿や羊毛だけでなく，回収されたペットボトルやそのほかのプラスチックから衣料品を製造しようと，多くの企業がパイロット事業を進めている．既存の技術を使用して繊維をリサイクルできるのは約20パーセントにとどまっており，そのようなリサイクルの規模は依然として小さ

206   第9章　自然からの解決策

い．しかし，古着を大量に埋め立て地に処分することが許されなくなりつつ
あり，消費者のそのような価値観への変化が，この分野でリサイクルの徹底
に向けた急速な変革を起こしつつある．

　もう一つの将来性のある事例として，ドイツのスポーツ衣料やシューズの
メーカーであるプーマなどの企業が推進してきたものが注目される．プーマ
は，自らの事業が自然資本と生態系サービスにどの程度依存しているか，明
確にしている．プーマ会長のザイツが2011年に，会社で環境損益（EP&L）
プログラムを開始したとき，彼は，このプログラムはプーマの顧客と情報を
共有する重要な戦略であると説明した．コストの20パーセント分が自然への
の負荷となるTシャツから，スポーツ・シューズに至るすべての製品に，
それらを生産するための環境コストの価格タグを付けることで，同社は消費
者との持続可能性にかかわる関係を築くための新しい基盤を作った．

　ザイツが後に指摘したように，このプログラムは，プーマのビジネス戦略
の方向を定め，靴にリサイクル可能な材料を使用するなど，最も持続可能で
収益性の高い投資を見つけ出すことにつながった．このプログラムは，炭素
作戦指令室や長老ネットワークの設立などを行ったヴァージン・グループの
リチャード・ブランソンとの連携に発展し，この二人は，ユニリーバのポー
ル・ポールマンやタタ・グループのラタン・タタをはじめ，十数名のビジネ
ス・リーダーをメンバーとした「Bチーム」を設立するに至った．Bチーム
に関する最も興味深い点は，「世界のビジネス・リーダーは，人々と地球の
厚生を高めるために連携する必要がある」という信念だ．実際，ビジネスは
そのような考え方でのみ繁栄すると彼らは主張する．これは，科学の多くの
分野において提唱されていることと一致しており，また，この本で焦点を当
てている意識の変革の核心となる．上記の環境損益（EP&L）会計のような
イニシアティブを開始することは，正しい方向への第一歩なのだ．

　前ページ：赤い珊瑚のわきをアカサンゴハタが泳いでいる．サンゴ礁システム
は，2億5000万人以上の人々に食料を提供するとともに，ほかの多くの海洋生物
種にとって欠くことのできない存在である．

展望と解決策をつなげる

バルト海は病んでいる．実際，世界で最も病んだ内海かもしれない．農地から流出する窒素やリンの過重な負荷や，都市や産業の廃棄物に含まれる有害物質によって，バルト海は 1989 年までに転換点を超えてしまった．ちょうどそのころに，私たちは，世界は「大きな地球の小さな世界」から，「小さな地球の大きな世界」へと転換し，望ましくない新たな生態学的な枠組みに閉じ込められてしまったと主張した．バルト海は貧栄養ではあるが，酸素が豊富で，タラが多く生息している状態から，富栄養化して大型魚などの漁業資源に乏しいよどんだ汚染状態へと変化してしまった．タラが消え，それが捕食していたニシンやスプラットが爆発的に増えて，それらが動物プランクトンの大半を食い尽くしてしまった．その結果，その動物プランクトンが食べていた緑藻類のシアノバクテリアが，豊富になった栄養素を消費して大増殖した．現在では，気候変動によって，北部の北極圏にある河川流域の氷の融解が加速し，この状況をさらに悪化させている．これによる淡水の供給でバルト海の塩分濃度が下がるとともに，水温も上昇し，このどちらもが病めるバルト海の現状をさらに悪化させたからである．バルト海の約六分の一は利用できる酸素がきわめて少ない状態に陥ってしまい，実態上，地球で最も大きな「死んだ海域」になってしまった．

衝撃的なのは，この環境上の大災厄が，バルト海を大切にしているスウェーデン，フィンランド，デンマーク，エストニア，ラトビア，リトアニア，ロシア，ポーランド，ドイツの九つの沿岸諸国の市民や政府，企業の目の前で発生していることだ．実際，バルティック・スターン・プロジェクトという国際的研究プログラムによる最近の研究は，これらの国の市民は健全なバルト海にするために必要なコストを支払う意欲が高いことを示している．それによる利点はかなり大きい．実際，ボストン・コンサルティング・グループ（BCG）の最近の分析によれば，バルト海の改善のための投資を持続的に行うことになれば，2030 年までに 55 万人の雇用と 320 億ユーロの経済的な価値を生み出せる可能性があるという．

それでは，この現状を反転させるには，どうすればよいのだろうか？　それは，農業や都市排水からの栄養負荷を大幅に削減するなど，プラネタ

208　第9章　自然からの解決策

リー・バウンダリーの範囲内で活動をするということに尽きる．その重要な
第一歩として，2013年後半に，バルト海の最大の汚染源であるサンクト・
ペテルブルグに，最初の近代的な排水処理場が開設された．生物多様性を守
り，タラやパイクのような捕食者の数を回復するために，最終的には，ス
ウェーデンのコスターフォーデンやケンティングの海洋国立公園で見られる
ような，住民と漁民の両方が支持する新しい漁業管理体制も必要となるだろ
う．先のBCGの分析が指摘したように，鍵となるのはバルト海を共有する
九か国のすべての利害関係者が，持続可能性にかかわるビジョンに合意する
ことだ．それは，バルト海の豊かな生態系の美しさと回復力が人間の幸福と
経済発展の基礎であり，政府やビジネスそして市民は，この共有のビジョン
への投資により利益を得るということに関する合意だ．必要な変革を導くた
めには，このような意識の変革が不可欠なのである．

　持続可能性に向けたもう一つの変革が，世界の多くの都市部で起こってい
る．そこでは，自然由来の解決策に対し，最も重要な投資がなされつつあ
る．その理由は単純だ．すでに，世界人口の半分以上が都市に住み，限界に
達しているからだ．現在，人口1000万人以上の巨大都市は世界に28ある
が，2030年までにはこれが40になるという．2050年までには，地球上の
人々の約三分の二が都市に住むものと予想されているが，それは新たに25
億人が都市住民となることを意味している．

　最近，国連が発表した「国連・都市における生物多様性概観」をはじめ多
くの報告書は，多様性が比較的豊富な都市の自然は，ニューヨークを襲った
ハリケーン・サンディや台湾のコミュニティを襲った悲惨な地滑りのよう
な，極端な災害から都市を守るのに有効だということを明らかにした．グ
ローバル化した世界では，企業の繁栄もまた，持続可能な都市に依存してい
る．音楽ストリーミング会社，スポティファイの最高責任者，マーティン・
ローレンツォンは最近，非公式な会合で，彼の会社は地球上のあらゆる地域
から優秀な若者を雇っているが，彼らをストックホルムのオフィスに惹き付
ける重要な要因は，この都市の美しく安全な環境であると指摘した．言い換
えれば，地域の持続可能性（その回復力，健全性，美しさ）が，すでにこの
会社にとって最も重要な強みの一つとなっているということだ．翻ってこの
ことは，将来都市が繁栄していくためには，プラネタリー・バウンダリーの

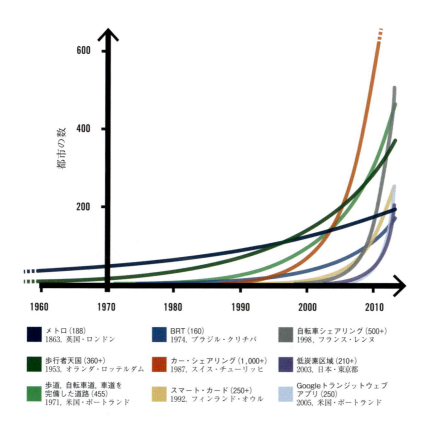

図9.1 スマートな輸送システム　2000年以来，バス輸送システムから車やバイクのシェアリングに至るまで，さまざまな革新的で持続可能な輸送システムが，世界中の都市で起こりつつある．これらのシステムの多くは，既存の技術を活用している．たとえば，バス高速輸送システム（BRT）は，専用レーンの確保，搭乗前の切符の購入，利用しやすいバス停の設置などによって，既存の技術を活かして，効果的な新しい大量輸送システムを実現した．ブラジルのクリチバで最初に導入されたBRTは，現在，世界の166以上の都市で運営されている．

範囲内で活動することが不可欠であるということを意味している.

　世界で最も人口密度の高い都市の一つであるシンガポールを見てみよう.
そこでは,市民のコンパクトな生活によって,都市の周囲に余暇の楽しみと
回復力の両方を提供する自然が維持できることを証明している.シンガポー
ルを訪れるといつも印象に残るのは,この高密度都市に非常に多くの自然的
要素が組み込まれているということだ.このような都市の成長は,現在の社
会的な転換点の一つであるといえるだろう.実際,そのような転換は世界中
で進行中であり,より住みやすい環境を目指す戦略を採る都市は急激に増加
している.

　これとは対照的に,ブラジル最大の都市であるサンパウロに住む 2000 万
人の人々は,最近大きな環境問題に直面している.過去 80 年で最悪の干ば
つがあり,これまでにない水不足に陥ったのだ.サンパウロのいくつかの貯
水池が干上がってしまった.ブラジルの水管理庁長官のビンセント・アンド
リューは,この干ばつが続く場合,住民は「これまでに経験したことのない
破滅的事態」に備える必要があると警告した.この危機の原因は何か? ブ
ラジルの気候変動の代表的な専門家の一人であるカルロス・ノーブルによる
と,この地域の降雨量の減少は,地球温暖化とアマゾンの熱帯雨林の減少が
原因である可能性が最も高いという.アマゾンは大規模な水蒸気ポンプであ
り,推計で毎日 200 億トンの水蒸気を植物から吸い上げ,大気中に放散して
いる.その大部分は再び熱帯雨林に雨となって戻る.そのうちかなりの量の
水蒸気が南に流れ,雨となってサンパウロの飲料水や農業用水を供給する貯
水池を満たす.ブラジルの国立宇宙研究所(INPE)は,最近,この「空を
飛ぶ川」とも比喩し得るアマゾン川からの水蒸気が減少し,結果として湿度
が急激に低下したことが,現在の干ばつの原因であると結論づけた.

　つまり,ブラジルの金融とビジネスの中心であるサンパウロは,アマゾン
の持続可能な管理を通じて生命維持に不可欠な降雨が確保されて初めて,そ
の活動を維持できるということが明確になったのだ.現時点では,まったく
楽観できる状況にない.アマゾン地域の森林減少は 2012 年から 2013 年の間
に何と 29 パーセントにも達し,2008 年以来,初の増加となった.さまざま
な調査によると,このまま森林減少が続くと乾季の平均降水量は今世紀半ば
までに 20 パーセント減少し,アマゾンの熱帯雨林は転換点を超え,より乾

燥したサバンナに不可逆的に移行する可能性すら，もはや排除できないという．

　これは，サンパウロのような都市やブラジル経済を損なうだけでなく，最終的に世界全体に影響を及ぼす．地球はその最も大きな炭素吸収源や水蒸気ポンプの一つを失うこととなるからだ．ちなみに，これは地球規模の森林破壊を止めなければならないもう一つの理由を提示している．それは，気候変動の緩和の観点から人類に大きな利益をもたらすということだ．さまざまな研究により，世界の森林は，化石燃料の燃焼から排出される年間320億トンの炭素のうち，年に約50億トンの炭素を吸収していることが明らかにされている．

　つまり，熱帯雨林を適切に管理することは，自然と協働し，生物多様性を保全し，長期的な回復力を構築するだけでなく，サンパウロのような都市での経済成長を確実にし，将来の壊滅的な気候変動リスクに対して備えを提供することにもつながる「一石二鳥」の解決策とも見なされ得るのだ．

実効性を確保するために

　この本で何度も論じてきたように，自然と協働することは，プラネタリー・バウンダリーの範囲内で機能する持続可能なシステムを構築するうえで鍵となる戦略である．このことは，とくに農業について当てはまる．その場合，農業システムを炭素の発生源から吸収源に変えることを主として目指すべきである．それが実現されると，土壌は養分や水分の保持能力を高め，その結果，生産性が高まり，土地劣化が起きにくくなるからだ．環境保全型農業システムを採用することから，作物の栽培方法や輪作，情報技術による精密農法と畜産のうまい組み合わせや，さらに統合的肥料管理によって栄養分の循環を閉じたものとすることまで，これを実現するさまざまな方法はすでに利用可能となっている．実際，これらの方法は最も厳しい環境下でも，すでに成功を収めつつある．

　世界の最貧国の一つであるニジェールでは，自然をベースにした解決策が，100万以上の世帯の生活状態を改善した．ここの人々は，地球上で最も生産性が低く最も水が不足しているサバンナに住んでいる．それにもかかわらず，ニジェール南部のマラディおよびジンダー地域の農家は，1990年代

から500万ヘクタールの農地で生産性を向上させ，また森林農業システムを採用して窒素固定のできる樹木と作物とを組み合わせることにより，少なくとも25万ヘクタールの劣化した土地を改良した．地域の生物多様性が高まり，土壌の肥沃度が向上し，水関連の災害に対し地域全体の回復力が強化された．さらに，地域の年間総所得が一世帯あたり1000米ドル増加して，農業からの実質所得は倍増した．これらは，すべて自然ベースの解決策によって実現したのだ．

　持続可能性をもたらす解決策のもう一つの成功例はインドにある．そこでは，村人が燃料とする薪材を伐採したためにトラの生息地が侵食され，その生存を脅かすようになった．このような侵食を減らすために，薪ではなくメタンを使うコンロを利用して家庭で料理できるように，数百から数千もの小さなバイオガス燃料ユニットが村に設置された．40キログラムくらいの牛糞と40リットルの水を使えば，一般的なバイオガス・ユニットは，六人の家族のために一日三食を作るのに十分なメタンを生産できる．その結果，バイオガス・ユニットが設置された北部インドの一部地域では，薪用の木材消費量が70パーセント削減された．さらに，農家がバイオガス生産に使う糞尿を集めるために畜牛の牛舎内での給餌を採用したので，トラが牛を襲うケースが大きく減少した．この単純なエネルギー使用パターンの変化によって，地域に残っている森林への伐採圧力が軽減され，この森林資源に依存する少数のトラの個体群の生存に希望が生まれた．

　このような非常に効率的かつ持続可能で魅力的な自然ベースの解決策がもっと広がらない理由は，それらが実際に機能する証拠がないためではない．むしろ，それは私たちの社会にある不適切なインセンティブや明確な規制の欠如のためである．私たちは，いわば非効率であることが経済的には合理的となる世界に暮らしている．その具体例として，農業におけるリンの使用など自然資源の利用の仕方，少数の人の短期的な利益のために行われる森林伐採や海洋における魚の乱獲など，自然資源が現在や将来の多くの人のためにもつ価値を損なう生態系の利用の仕方があげられる．また，大気汚染や気候変動を引き起こす大気の利用の仕方なども同様だ．地球に対する対価を払うことなく無料で自然資本を侵食し，温室効果ガスを排出できるという幻想の中で，このような行動は短期的には成功しているという錯覚を生む．し

かし，長期的に見ると，地球に対する対価を無視し続けると，干ばつや疾病，生態系の崩壊，あるいは極端な気象現象という形で請求を受け，私たち皆が失敗してしまうだろう．頼るべき生態系を損ない続けると，人類は未来に向かって，危険かつ不健全で，そして非効率的な道をたどることになる．

　この巨大でグローバルな市場の失敗を是正することが急務である．あらゆる形の汚染と地球資源の浪費の真のコストを算出し，プラネタリー・バウンダリーの範囲内での経済発展を可能にする規則を確立することによって，発展を制限することなく地球の残っている自然生態系を保全することができる．一方で，そのような取り組みによって，投資する価値のある持続可能で自然に基づく新たな解決策が生み出され，革新が起こる．炭素や水や土地の絶対的な利用可能上限量を決め，地球が安全に機能できる空間をきちんと定義できれば，成長の「限界」を画するのではなく，まさにその反対のことが可能になる．それは革新を解き放ち，「よい意味での人新世」において，人々がプラネタリー・バウンダリーの範囲内で，繁栄し成長することを可能にするからだ．

214 第9章 自然からの解決策

ハイカー達がアイスランドのランドマンナロイガルの尾根を伝って歩いている．人類が地球上の変化を起こす最大の力となったいま，人類社会はまさに，「小さな地球の大きな世界」となった．地球は，今日まで，私たちの環境負荷に対して驚嘆すべき回復力を示してきた．この広大な氷河のような偉大な自然系が私たちの幸福を支え続けてくれるよう，自然を守り続けていくことが重要だ．

あとがき
新たなプレイ・フィールド

　この本では，プラネタリー・バウンダリーという枠組みを導入し，人類が安全に活動できる範囲を科学的に定義する新しいアプローチを記述した．主張するところは，自然に対する人類の過重な環境影響（フットプリント）を減らし，地球上にまだ残っている自然の美を守ることが，将来の繁栄の鍵だということだ．私たちがどこに住んで，どんな人生を歩んでいようと，人類が，大気や海洋，陸域生態系などの安定した回復力のある自然システムに依存していることに変わりはない．人類が及ぼす甚大なインパクトを受ける中で，地球が危険な転換点を超えないようにすることが大切だ．そのために，私たちの生活を可能にし，良好なものにする地球上の生命を損なうことなく，経済成長や食料安全保障，さらには，繁栄する地域社会を実現していく道を探っていく必要がある．

　その変革を始めるときがきた．ジム・ヨン・キム世界銀行グループ総裁，潘基文国連事務総長，クリスティーヌ・ラガルド国際通貨基金（IMF）専務理事，アンヘル・グリア OECD 事務総長のような世界の指導者は，すでに，旧来のビジネスを続けることは，成長と貧困緩和に向けた世界の努力を危うくすると明確に意識している．企業のリーダーにも，持続可能性の追求がよいビジネスになるという考えが，従来にも増して広がってきた．スイスの大手 ABB のウルリッヒ・シュピースホーファー CEO は，最近，「地球を浪費することなく，世界を動かしていくことが必要だ」と述べた．

　持続可能性は，つまるところ何ら制約的なものではない．それは，たとえば，サッカー場を画するラインが，リオネル・メッシの素晴らしいプレイを可能にするのと同じように，革新を促進するからだ．プラネタリー・バウンダリーがどこにあるのかわかれば，ズラタン・イブラヒモビッチがサッカー・ボールを操るのと同じぐらい創造的に経済成長を実現していける．安

全な機能空間を定義することで，自然界を保全すると同時に，自らの繁栄を
追求することが可能となるのだ．

　私たちはこの本で，「人類は長い間このことをまったく間違って理解して
きた」と結論づけた．数世紀の間，私たちは有限の惑星に制限を設けずに成
長できるとの信念に固執した．40年前，この信念は「成長の限界」を提唱
する環境面からの議論と衝突した．そして私たちは，化学物質や地域の空気
や水質，生態系の保護などの規制を行い，自らの裏庭をクリーンに保てば
「持続可能な開発」を達成できると考えた．しかし，私たちは間違っていた．
地球はそれよりはるかに複雑であることがわかってきたのだ．一つの地域で
の環境破壊は，より離れた場所で別の影響を引き起こす．地球には，極地と
サバンナをつなぎ，世界中の降雨システムをつなぎ，海洋や大気を地域の気
象システムとつなげる生物物理学的プロセスが存在する．そのため，あなた
や私が世界の片隅でカーペットの下に隠したものが，別の片隅から急に驚く
ような形で姿を現し，そこの人々を困らせたりする．私たちは，地域の経済
を従来通り動かすだけで，グリーンランドの氷床，西南極の氷河，熱帯のサ
ンゴ礁，シベリアのツンドラを不安定化させるとは，まったく想像していな
かった．

　だから，この本で，私たちは「限界の中での成長」を可能にするサッカー
場のような新たなプレイ・フィールドを提案してきた．地球の生物物理学的
限界に関する科学から得られる知見と，変革に必要な技術や価値に関する新
たな進展を組み合わせ，知恵や革新，協働を世界的に展開すれば，真に豊か
な世界を創造する無限の機会が得られる．私たちのアイデアは，持続可能な
開発を，「地球上で安全で公正に活動できる空間内で，すべての人が良好な
生活を追求すること」として再定義することだ．いまの子どもたちは，2100
年にはまだ生存している可能性が高い．彼らに覚えやすくて科学的にも根拠
のある一つの数字をプレゼントしたい．その数字はゼロだ．

　この世紀の後半には，完全に脱炭素化された世界経済の一環として，炭素
の排出量がゼロの社会を実現させる必要があることは確かである．また，生
物多様性の低下を食い止めるために，種の絶滅をゼロにしなければならな
い．最後に，地表の半分をすでに農地や都市に変えてしまったいま，今後は
既存の農地のみを活用することで世界を養う方法を見つけなければならな

い．自然の農地への変換はもう十分だ．将来の降水量や炭素の吸収源，すべての生存種の生息地を確保するため，農地の拡大をゼロにしなければならない．次の「緑の革命」は，現在の農地で持続可能な集約化を行い，本当の意味で「緑」の革命とする必要がある．

　「炭素の排出ゼロ，生物多様性の損失ゼロ，農地の拡張ゼロ」という三つのゼロの提案は，科学に基づく新しい世界の開発アジェンダであり，これだけで，人間活動を相当程度，地球の安全な機能空間内に収めることができる．ゼロは覚えやすい数字だ．不確実性の少ない数字でもある．緑豊かで回復力があり豊穣な「第二の機械時代」を実現するために，人類が目指す目標なのだ．

　躊躇することはない．いまこそ，ともに行動すべきだ．

　地球上で安全で公正な活動ができる範囲内で繁栄する世界へ移行することは，いまや必要であるだけでなく，可能であり望ましいものとなった．行動を促す積極的な指針として，また，爆発的な成長をする技術開発の契機として，私たちは最新の科学に基づいてプラネタリー・バウンダリーを提案した．世界中の人は，自然に満ちた世界を大切にしたいと願っている．安全で豊かな未来を達成するために必要なのは，地球上に残っている美しさを，献身的に守る覚悟をもつことだ．

写真に関する補足情報

11 ページ

テバランはボルネオの猟師である．祖先の土地であった熱帯雨林を飲み込もうとしている伐採は，先住民に困難な未来を作り出していく．熱帯雨林は地球の回復力を担う重要な自然でもある．伐採しすぎると，気候変動が熱帯にもたらす暖かく乾燥した環境と相まって，地域生態系の転換点を超えてしまう．その結果，熱帯雨林がサバンナに変わる可能性がある．それは，地域の淡水の供給に大きな影響を及ぼすとともに，大量の炭素を排出することになる．

12 ページ

香港でも見られるこのような建設ブームによって，世界中の都市が拡大し続けている．2030 年までに必要となる都市の三分の二はまだ建設されていない．これは巨大な挑戦ではあるが，大きな機会でもある．私たちは，都市を魅力的で，回復力があり，健全なものとするために，都市計画に生態系をどう組み込んでいったらよいか知見を蓄積してきた．自然は持続可能な都市の建設において重要な役割を果たす．

38 ページ

オオハナジログエノンという木登り猿

のつがいを，カメルーンのある街路で，密猟者が野生の肉（ブッシュ・ミート）として販売している．欧州の漁業政策には，そんな意図はなかったが，肉を得るための狩猟を増加させた可能性がある．新しい規制によって欧州の海域から外国の漁船が追い出され，大型のものはアフリカ沿岸に進出し，そこの漁業資源を枯渇させた．それにより，小規模なアフリカの漁民は失業した．家族の生活のため，彼らの一部は野生の肉を求めて密猟者になった．これによる動物の殺戮は，地域の生物多様性を脅かすだけでなく，エボラのような人獣共通感染症の流行のリスクも増加させた．

82 ページ

都市排水や農業排水に含まれる化学物質が川や湖に混入すると，藻類の繁殖により水域を窒息させる可能性がある．このような状況下では，水には酸素がほとんど含まれなくなるため，魚はそこに棲息できなくなる．豊かな魚の個体群を保護することは，突然の環境変化のため崩壊した湖やサンゴ礁などの海洋環境を回復させるうえで，不可欠な要素である．実際，このことに関して，多くの知見が積み重ねられてきた．たとえば，大規模な白化の後，サンゴ礁が破壊されてしまっても，ブダイやニザダイのような草食性の魚種がそこに生息していれば，サ

前ページ：ブラジルとアルゼンチンにまたがる巨大瀑布イグアスの滝を囲む熱帯雨林．

ンゴ礁の再生が促進される．海中で「芝刈り」を行うこのような種がいなければ，破壊されたサンゴ礁は，海藻に取って代わられる公算が強い．さらに，そこに農業排水による栄養分が流れ込んでいれば，藻類が支配的な濁りきった海域になってしまう可能性が高まる．

132-133 ページ

西パプアの海岸に沿ったマングローブ林では，その根元の部分が魚の生息環境として機能している．最近，TEEB という国連の調査によって明らかになったように，マングローブ林は適切に保全されれば，沿岸地域の小さな地域社会に大きな収入をもたらす．反対に，突然の洪水などによりマングローブ林が破壊された場合，その結果生じる生計の喪失は，地域に壊滅的な社会的コストをもたらす．

160 ページ

ルワンダの少年にとって未来とは何か？　持続可能な解決策は，貧困を軽減する最良の機会を提供する．プラネタリー・バウンダリーの範囲内で持続可能な食料システムを作っていくためには，「自然を破壊して農地を拡大させる時代はもう終わった」ということを認識することが重要だ．既存の農地のみで人類に食料供給していくためには，持続可能な

形で農業の集約化を図っていく必要がある．このためには，最先端の科学と先住民がもつ伝統的な知識を結び付け，大きな革新を起こしていく必要がある．

178 ページ

サラワクでは，整然と並んだアブラヤシ林が，自然の動植物の生息地に取って代わった．1980 年代から 1990 年代以来，ボルネオ島のこの地域の森林は，過去に比類のない速度で伐採された．サラワクを含むボルネオ島からは，過去 20 年間で，アフリカと南アメリカを合わせたよりも大量の熱帯木材が輸出された．森林の伐採権が切れると，政府の補助金を活用して，多くの土地がアブラヤシのプランテーションに転換されたためである．1990 年代以降，計画されているプランテーションは，実に 40 倍に増加した．現在，ボルネオ島では，80 万ヘクタールに及ぶ世界最大のアブラヤシのプランテーションが提案されている．

198 ページ

急速に変化する環境は，これらの社会生態的システムを危険に陥れる．同時に，人間の幸福と自然の回復力を確保するために，どのようにして自然と協働していくべきかについて多くのことを教えてくれる．

主要な出典および参考文献

第1章 新たな苦難の時代

Friedman, T.L., 2005, *The World Is Flat: A Brief History of the Twenty-first Century*, Farrar, Straus, and Giroux, New York, p 475.

Gunderson, L. and Holling, C.S. (eds), 2002, *Panarchy: Understanding Transformations in Human and Natural Systems*, Island Press, Washington, DC.

Hansen, J.E., and Sato, M., 2012, *Paleoclimate Implications for Human-Made Climate Change*, Springer, Berlin, Germany.

Holling, C.S., 1973, "Resilience and Stability of Ecological Systems," *Annual Review of Ecology and Systematics*, 4: 1-23.

IPCC, 2014, http://www.ipcc.ch/

IUCN Redlist, 2014, http://www.iucnredlist.org/

MA, 2005, *Millennium Ecosystem Assessment: Ecosystems and Human Well-being: Synthesis*, Island Press, Washington DC.

NOAA National Weather Service, 2014, http://www.noaa.gov

OECD. 2014. "Economic outlook" http://www.oecd.org/eco/economicoutlook.htm

Oppenheimer, S. 2004, *Out of Eden: The Peopling of the World*, Constable & Robinson, London, UK. p 429.

Rockström, J.; Steffen, W.; Noone, K.; Persson, Å.; Chapin, III, F.S.; Lambin, E.F.; Lenton, T.M.; Scheffer, M.; Folke, C.; Schellnhuber, H.J.; Nykvist, B.; de Wit, C.A.; Hughes, T.; van der Leeuw, S.; Rodhe, H.; Sörlin, S.; Snyder, P.K.; Costanza, R.; Svedin, U.; Falkenmark, M.; Karlberg, L.; Corell, R.W.; Fabry, V.J.; Hansen, J.; Walker, B.; Liverman, D.; Richardson, K.; Crutzen, P.; and Foley, J.A. 2009, "A Safe Operating Space for Humanity," *Nature* 461: 472-475.

Scheffer, M.; Carpenter, S.R.; Foley, J.A; Folke, C; and Walker, B. 2001, "Catastrophic Shifts in Ecosystems," *Nature* 413: 591-596.

Steffen W., et al. 2004, *Global Change and the Earth System: a Planet Under Pressure*, The IGBP book series, Springer, Berlin, Germany.

TEEB, 2010, *The Economics of Ecosystems and Biodiversity: Mainstreaming the Economics of Nature: A Synthesis of the Approach, Conclusions, and Recommendations of TEEB*, Progress Press, Malta.

UN DESA, 2014, http://www.un.org/en/development/desa/population/

Welcome to the Anthropocene, 2014, http://www.anthropocene.info/en/home

Wilson, E.O., 2013, *The Social Conquest of Earth*, Liveright Publishing Corporation, New York, USA, p 327.

Young, O., and Steffen, W., 2009, "The Earth System: Sustaining Planetary Life

Support Systems," in *Principles of Ecosystem Stewardship: Resilience-based Resource Natural Resource Management in a Changing World*, Chapin III, F.S; Kofinas, G.P; and Folke, C. ; (eds.), pp 295. Springer, New York.

第2章 プラネタリー・バウンダリー

AMAP, "AMAP Assessment 2013: Arctic Ocean Acidification," http://www.amap.no/documents/doc/AMAP-Assessment-2013-Arctic-Ocean-Acidification/881

Canadell, J.G.; Le Quéré, D.; Raupach, M.R.; Field, C.R.; Buitenuis, E.; Ciais, P.; Conway, T. J.; Gillett, N. P.; Houghton, R. A.; and Marland, G., 2007, "Contributions to Accelerating Atmospheric CO_2 Growth from Economic Activity, Carbon Intensity, and Efficiency of Natural Sinks", *Proceedings of the National Academy of Sciences*, 104: 18866-18870.

Carson, R., 2002, *Silent Spring: The Classic that Launched the Environmental Movement*, A Mariner Book Houghton Mifflin Company, Boston, USA.

Global Biodiversity Outlook 4. http://www.cbd.int/gbo4/

IGBP, IOC, SCOR, 2013, *Ocean Acidification: Summary for Policymakers-Third Symposium on the Ocean in a High-CO_2 World*, International Geosphere-Biosphere Programme, Stockholm, Sweden. http://www.igbp.net/download/18.30566fc6142425d6c91140a/1385975160621/OA_spm2-FULL-lorez.pdf

IPCC, 2014, http://www.ipcc.ch/

Meadows, D.H., Randers, J.; and Meadows, D.L., 2004, *Limits to Growth: The 30 Years Update*, Chelsea Green Publishing Company, USA. p 325.

National Climate Assessment, 2014, http://nca2014.globalchange.gov/downloads

Rockström, J.; Steffen, W.; Noone, K.; Persson, Å.; Chapin, III, F.S.; Lambin, E.F.; Lenton, T.M.; Scheffer, M.; Folke, C.; Schellnhuber, H.J.; Nykvist, B.; de Wit, C.A.; Hughes, T.; van der Leeuw, S.; Rodhe, H.; Sörlin, S.; Snyder, P.K.; Costanza, R.; Svedin, U.; Falkenmark, M.; Karlberg, L.; Corell, R.W.; Fabry, V.J.; Hansen, J.; Walker, B.; Liverman, D.; Richardson, K.; Crutzen, P.; and Foley, J.A., 2009, "A Safe Operating Space for Humanity," *Nature* 461: 472-475.

Rockström, J.; Steffen, W.; Noone, K. Persson, Å.; Chapin, III, F.S.; Lambin, E.F.; Lenton, T.M.; Scheffer, M.; Folke, C.; Schellnhuber, H.J.; Nykvist, B.; de Wit, C.A.; Hughes, T.; van der Leeuw, S.; Rodhe, H.; Sörlin, S.; Snyder, P.K.; Costanza, R.; Svedin, U.; Falkenmark, M.; Karlberg, L.; Corell, R.W.; Fabry, V.J.; Hansen, J.; Walker, B.; Liverman, D.; Richardson, K.; Crutzen, P.; and Foley, J. A., 2009, "Planetary Boundaries: Exploring the Safe Operating Space for Humanity," *Ecology and Society*, 14 (2): 32.

Rockström, J., et al., 2014, *Water Resilience for Human Prosperity*, Cambridge

224　主要な出典および参考文献

University Press, UK, p 284.

Steffen, W.; Richardson, K.; Rockström, J.; Cornell, S.; Fetzer, I.; Bennett, E.M., Biggs, R.; Carpenter, S.R.; de Vries, W.; de Wit, C.A.; Folke, C.; Gerten, D.; Heinke, J.; Mace, G. M.; Persson, L. M.; Ramanathan, V.; Reyers, B.; and Sörlin, S., 2015, "Planetary Boundaries: Guiding Human Development on a Changing Planet," *Science* 347 (6223).

WMO/UNEP Scientific Assessments of Ozone Depletion, http://www.esrl.noaa.gov/csd/assessments/ozone/

World Water Development Report, 2014, http://www.unwater.org/publications/publications-detail/en/c/218614/

第3章 大きなしっぺ返し

Barnosky, A.D.; Matzke, N.; Tomiya, S.; Wogan, G.O.U.; Swartz, B.; Quental, T.B.; Marshall, C.; McGuire, J.L., Lindsey, E.L.; Maguire, K.C.; Mersey, B.; and Ferrer, E. A., 2011, "Has the Earth's Sixth Mass Extinction Already Arrived?" *Nature* 471: 51-57.

Bellwood, D.R.; Hughes, T.P.; Folke, C.; and Nyström, M., 2004, "Confronting the Coral Reef Crisis," *Nature* 429.

Box, Jason, 2012, The Meltfactor Blog, "Greenland Ice Sheet Record Surface Melting Underway," http://www.meltfactor.org/blog/?p = 556

Burke, L.; Reytar, K.; Spalding, M.; and Perry, A.L., 2011, *Reefs at Risk Revisited*, Washington, D.C., World Resources Institute, The Nature Conservancy, WorldFish Center, International Coral Reef Action Network, UNEP World Conservation Monitoring Centre and Global Coral Reef Monitoring Network, p 114.

Gleason D.F. and Wellington, G.M., 1993, "Ultraviolet Radiation and Coral Bleaching," *Nature* 365: 836-838.

Global Biodiversity Outlook 4, http://www.cbd.int/gbo4/ http://www.globalcarbonproject.org/carbonbudget/index.htm

Lenton, T.M.; Held, H.; Kriegler, E.; Hall, J.W.; Lucht, W.; Rahmstorf, S.; Schellnhuber, H. J., 2008, "Tipping Elements in the Earth's Climate System," *Proceedings of the National Academy of Science*, 105 (6): 1786-1793.

NOAA, 2013, Arctic Report Card, http://www.arctic-report.net/

Smith, J.B.; Schneider, S.H.; Oppenheimer, M.; Yohe, G.W.; Hare, W.; Mastrandrea, M.D.; Patwardhan, A.; Burton, I.; Corfee-Morlot, J.; Magadza, C.H.D.; Füssel, H-M.; Barrie Pittock, A.; Rahman, A.; Suarez, A.; and van Ypersele, J-P., 2009, "Assessing Dangerous Climate Change Through an Update of the Intergovernmental Panel on Climate Change (IPCC): Reasons for Concern," *PNAS* 106 (11).

WBGU, 2009, *Solving the Climate Dilemma: The Budget Approach*, Special Report, German Advisory Council on Global Change.

第4章 あらゆるものがピークに

Cohen, D. 2007, "Earth Audit," *New Scientist* 194 (2605): 34-41.

Cordell, D.; Drangert, J-O.; and White, S., 2009, "The Story of Phosphorus: Global Food Security and Food for Thought," *Global Environmental Change* 19: 292-305.

GEA, *Global Energy Assessment*, 2012, Global Energy Assessment, *Toward a Sustainable Future*, Cambridge University Press, UK.

IEA, 2010, World Energy Outlook 2010, International Energy Agency, Paris, France.

IEA, 2014, World Energy Outlook 2014, http://www.worldenergyoutlook.org/public ations/weo-2014/

Meadows, D.H.; Meadows, D.L.; and Randers, J., 1992, *Beyond the Limits*, Chelsea Green Publishing Co., White River Junction, VT, USA.

Meadows, D.H.; Meadows, D.L.; and Randers, J., 2004, *Limits to Growth: The Thirty Year Update*, Chelsea Green Publishing Co., White River Junction, VT, USA.

Ragnarsdottir, K.V., 2008, "Rare Metals Getting Rarer," *Nature Geoscience* 1 (11): 720-721.

第5章 死んだ地球ではビジネスなどできない

Biggs, R.; Schlüter, M.; Biggs, D.; Bohensky, E.L.; Burnsilver, S.; Cundill, G.; Dakos, V.; Daw, T.; Evans, L.; Kotschy, K.; Leitch, A.; Meek, C; Quinlan, A.; Raudsepp-Hearne, C.; Robards, M.; Schoon, M. L.; Schultz, L.; and West, P. C., 2012, "Towards Principles for Enhancing the Resilience of Ecosystem Services," *Annual Review of Environment and Resources* 37: 421-448.

Costanza R.; deGroot, R.; Sutton, P.; van der Ploeg, S.; Anderson, S.; Kubiszewski, I.; Farber, S.; and Turner, R.K., 2014, "Changes in the Global Value of Ecosystem Services," *Global Environmental Change* 26: 152-158.

Elmqvist, T., 2012, *Cities and Biodiversity Outlook: Action and Policy*, UN Secretariat of the Convention of Biological Diversity, Montreal, CAN, 66pp, http://cbobook.org/

MA, 2005, *Millennium Ecosystem Assessment: Ecosystems and Human Well-being: Synthesis*, Island Press, Washington, DC.

Stern, N., 2006, *Review on the Economics of Climate Change*, H.M. Treasury, UK, October. http://www.sternreview.org.uk.

TEEB, 2010, *The Economics of Ecosystems and Biodiversity: Ecological and Economic Foundations*, Edited by Pushpam Kumar. Earthscan, London.

226 主要な出典および参考文献

The New Climate Economy, 2014, *Better Growth, Better Climate. The New Climate Economy Report.* The Global Report. The Global Commission on the Economy and Climate, www.newclimateeconomy.report

WBCSD, 2011, *Vision 2050: The New Agenda for Business.* The World Business Council for Sustainable Development（WBCSD）, http://www.wbcsd.org/vision2050

第6章 技術革新を解き放つ

Bartolino, S.; Bonatti, L.; and Sarracino, F., 2014, "Great Recession and U.S. Consumers' Bulimia: Deep Causes and Possible Ways Out," *Cambridge Journal of Economics* 38（5）: 1015-1042.

Brynjolfsson, E., and McAfee, A., 2014, *The Second Machine Age: Work, Progress, and Prosperity in a Time of Brilliant Technologies,* W.W. Norton and Company, New York, USA.

Diamandis, P. and Kotler, S., 2012, *Abundance: The Future is Better Than You Think,* Free Press: New York.

Ellen MacArthur Foundation（Ed.）2014, *A New Dynamic: Effective Business in a Circular Economy.* Ellen MacArthur Foundation Publishing, http://www.ellenmacarthurfoundation.org/

Elmqvist, T., 2012, *Cities and Biodiversity Outlook: Action and Policy,* UN Secretariat of the Convention of Biological Diversity, Montreal, 66pp, http://cbobook.org/

Foley, J.A.; Ramankutty, N.; Brauman, K.A.; Cassidy, E.S.; Gerber, J.S.; Johnston, M; Mueller, N.D.; O'Connell, C.; Ray, D.K.; West, P.C.; Balzer, C.; Bennett, E.M.; Carpenter, S.R.; Hill, J.; Monfreda, C.; Polasky, S.; Rockström, J.; Sheehan, J.; Siebert, S.; Tilman, D.; and Zaks, D.P.M., 2011, "Solutions for a Cultivated Planet," *Nature* 478（7369）: 337-342.

GEA, Global Energy Assessment, 2012, *Global Energy Assessment: Toward a Sustainable Future,* Cambridge University Press, UK, http://www.naturalstep.org/

von Weizsäcker, E., Hargroves, K., Smith, M., Desha, C., and Stasinopoulos, P., 2009, Factor 5: *Transforming the Global Economy through 80% Increase in Resource Productivity,* Earthscan, London.

第7章 環境に対する責任の再考

Griggs, D.; Stafford-Smith, M.; Gaffney, O.; Rockström, J.; Ohman, M.C.; Shyamsundar, P.; Steffen, W.; Glaser, G.; Kanie, N.; and Noble, L., 2013, "Sustainable Development Goals for People and Planet," *Nature* 495（7441）: 305-307.

Olsson, P., Folke, C., and Hughes, T.P., 2008, "Navigating the Transition to Ecosystem-based Management of the Great Barrier Reef," Australia. *Proceedings of the National Academy of Sciences* 105: 9489-9494.

PBL, 2009, *Getting into the Right Lane for 2050: A primer for EU Debate*, Netherlands Environmental Assessment Agency and Stockholm Resilience Centre. PBL, Bilthoven, the Netherlands, p 106.

Raworth, K., "A Safe and Just Space for Humanity: Can We Live Within the Doughnut?" Oxfam Discussion Paper (Oxfam, 2012).

SHELL, 2008, *Shell Energy Scenarios to 2050*, SHELL, the Hague, the Netherlands, p 5.

UN Open Working Group proposal for Sustainable Development Goals. http://sustainabledevelopment.un.org/focussdgs.html

Walker, B.H. and Salt, D., 2006, *Resilience Thinking: Sustaining Ecosystems and People in a Changing World*, Island Press, Washington, DC.

第 8 章 両面戦略

Folke, C., and Rockström, J., 2011, 3rd Nobel Laureate Symposium on Global Sustainability: "Transforming the World in an Era of Global Change," Guest Editorial, *Ambio*, 40 (7): 717-718.

Comprehensive Assessment of Water Management in Agriculture (CA), 2007, *Water for Food, Water for Life: A Comprehensive Assessment of Water Management in Agriculture*, London: Earthscan and Colombo: International Water Management Institute.

GEA, Global Energy Assessment, 2012, *Global Energy Assessment: Toward a Sustainable Future*. Cambridge, Cambridge University Press, http://newclima teeconomy.report/

Rockström, J. and Falkenmark, M., 2000, "Semiarid Crop Production from a Hydrological Perspective: Gap Between Potential and Actual Yields," *Critical Reviews in Plant Sciences* 19 (4): 319-346.

UNEP, 2011, *Towards a Green Economy: Pathways to Sustainable Development and Poverty Eradication*, www.unep.org/greeneconomy

WBGU, 2011, *World in Transition-A Social Contract for Sustainability*. Flagship Report 2011. German Advisory Council on Global Change.

第 9 章 自然からの解決策

Barron, J.; Enfors, E.; Cambridge, H.; and Adamou, M., 2010, "Coping with Rainfall Variability: Dryspell Mitigation and Implication on Landscape Water Balances in Small-scale Farming Systems in Semi-Arid Niger," *International Journal of Water*

228   主要な出典および参考文献

Resources Development 26: 523-542.

Benyus, J.M., 1997, *Biomimicry: Innovation Inspired by Nature*, Morrow, New York.

Lind, F. and Källström, N., 2014, "The Economic Case for Revitalizing the Baltic Sea," Boston Consulting Group March 2014. https://www.bcgperspectives.com/con tent/articles/corporate_social_responsibility_commu-nity_economic_developmen t_economic_case_revitalizing_baltic_sea/

Folke, C.; Jansson, Å.; Rockström, J.; Olsson, P.; Carpenter, S.R.; Chapin III, F.S.; Crépin, A-S.; Daily, G.; Danell, K.; Ebbesson, J.; Elmqvist, T.; Galaz, V.; Moberg, F.; Nilsson, M.; Österblom, H.; Ostrom, E.; Persson, Å.; Peterson, G.; Polasky, S.; Steffen, W.; Walker, B.; and Westley, F., 2011, "Reconnecting to the Biosphere," *Ambio* 40 (7): 719-738.

Hawken, P.; Lovins, A.B.; and Lovins, L.H., 2005, *Natural Capitalism: the Next Industrial Revolution.* 2nd Ed., Routledge, London.

IAASTD, 2009, *Agriculture at a Crossroads: International Assessment of Agricultural knowledge, Science and Technology for Development* (IAASTD), Summary for decision-makers of the Global Report.

Jackson, T., 2009, *Prosperity without Growth: Economics for a Finite Planet*, Earthscan, London.

Olsson, P., and V. Galaz., 2012, "Social-ecological Innovation and Transformation," in: Nicholls, A. and Murdoch, A. (eds), *Social Innovation: Blurring Boundaries to Reconfigure Markets*, Palgrave MacMillan.

Pauli, G., 2010, *Blue Economy*, Paradigm Publications.

The New Climate Economy, 2014, *Better Growth, Better Climate: The New Climate Economy Report. The Global Report.* The Global Commission on the Economy and Climate. www.newclimateeconomy.report

Zoltan, T.; Imredy, J.P.; Bingham, J-P.; Zhorov, B.S.; and Moczydlowski, E.G., 2014, "Interaction of the BKCa Channel Gating Ring with Dendrotoxins," *Channels.* Volume 8, Issue 5.

図版と表 (出典の詳細は上述を参照)

図 1.1 Steffen, et al., 2004, updated by Steffen, W., Deutsch, L. et al., 2014.

図 1.3 の出典 *National Geographic* magazine, March 2011.

図 1.5 www.regimeshifts.org

48-49 ページの表 www.regimeshifts.org

図 1.6 Hansen et al., 2012.

図 1.7 Hansen et al., 2012.

図 1.8 の出典 Young and Steffen, 2009.

62 ページの表 Steffen, W., et al., 2015.

図 2.1 Steffen, W., et al., 2015.

図 2.2 の出典 Canadell, et al., 2007.

図 3.1 の出典 Smith, et al., 2009 and IPCC, 2014.

図 3.3 の出典 WBGU, 2009.

図 3.4 の出典 Donner, S.D., 2009, and the World Resources Institute project report, *Reefs at Risk Revisited*, 2011.

図 4.1 の出典 *New Scientist*, 2007.

図 4.2 の出典 Kjell Aleklett, pers. comm., and Worldwatch Institute, 2006.

128 ページの表 TEEB, 2010.

図 7.1 の出典 original by Carl Folke, Stockholm Resilience Centre.

図 7.2 の出典 Raworth, 2012 (Oxfam).

図 8.1 の出典 WBGU, 2011.

図 9.1 の出典 the New Climate Economy Report, 2014.

ヨハン・ロックストローム

　ストックホルム・レジリエンス・センター（SRC）所長，ストックホルム大学教授（水資源と地球の持続可能性）．地球の持続可能性に関する世界的に著名な科学者．人新世における人類の繁栄へのアプローチとして注目され，本書の中心的テーマでもあるプラネタリー・バウンダリーに関する研究を主導．政府，国際政策プロセス，ビジネス・ネットワークのアドバイザーとしても活躍し，一般向け著書のほか100を超える学術論文を執筆．国際協働研究プラットフォーム「フューチャー・アース」の立ち上げに議長として貢献．現在 The Earth League, The EAT Initiative, 国際農業研究協議グループ（CGIAR）の水・土地・生態系プログラムの議長．2009年 Swede of the Year 受賞．2012年と2013年には，環境分野においてスウェーデンで最も影響力のある人物に選出．

マティアス・クルム

　スウェーデン出身のフリーランス写真家，映像作家．1986年より絶滅危惧種，自然環境，危機に瀕する少数民族をテーマに取材し，独自の芸術的手法で表現．1997年よりナショナル・ジオグラフィック誌に多数の寄稿や写真を提供．世界経済フォーラムのヤング・グローバル・リーダー2008 に選出．国際自然保護連合（IUCN）および世界自然保護基金（WWF）の親善大使に任命され，WWFスウェーデン評議員を務める．SRC のシニアフェロー，ナショナル・ジオグラフィック協会およびロンドン・リンネ協会フェロー，2013年ストックホルム大学より名誉博士号授与（自然科学）．本書が13冊目の著作．

謝　辞

　本書は，科学や写真，ストーリー・テリングを含む学際的チームによる共同作業で作成したものである．SRC の同僚の科学的な分析と，ティエラ・グランド（TG）チームの素晴らしい写真撮影がなければ，科学に基づく写真付きのストーリーを作り出すことはできなかった．とくに，研究のサポートをしてくれたアルバエコのリーダーであり SRC の上級コミュニケーターであるフレドリック・モベルグ，写真選定に携わってくれた TG のモニカ・クルムとフレデリカ・ストランダーに多大な支援をいただいた．また，最終校正と事実確認を担当してくれたアンダース・バックランド，マリア・バックランド，マチルダ・バルマンに感謝する．マックス・ストローム社の編集者ジプ・ウィルクストロームの支援と戦略的アドバイスに，また同社のプロジェクト・コーディネーターのアナ・サナーのサポートにも感謝する．グラフィック・デザインについてジェルカ・ロクランツに，デザインについてパトリック・レオに感謝する．ナショナル・ジオグラフィックとナショナル・ジオグラフィック・ミッション・プログラムは，この出版プロジェクトに重要な情報を提供し，編集者ピーター・ミラーとの貴重なコラボレーションへと導いてくれた．ピーターは，スウェーデン郵便番号基金の支援を得て，複雑な科学的記述をわかりやすく編集してくれた．最後に，この出版プロジェクトを可能にしてくれたミストラ基金からの支援に心より感謝したい．

訳者あとがき

　深刻化する環境問題や気候変動の影響など，私たちの生きる「小さな地球の大きな世界」には喫緊の課題が山積している．これらにどう対処していくのか，そして人類の繁栄を可能にする地球との関係を考えるうえで，本書のテーマである「プラネタリー・バウンダリー（地球の限界）」は有益なヒントを与えてくれるだろう．

　「プラネタリー・バウンダリー」は環境や開発にかかわる専門家の間で広く認識されている．しかし，地球規模の課題に立ち向かい，自然と共生する持続可能な社会を構築するには，政府や専門家のトップ・ダウンによる取り組みだけでなく，地域社会や市民によるボトム・アップの力も必要となる．本書で魅力的な写真とともに身近な事例を通じて「プラネタリー・バウンダリー」を説明しているのは，私たち一人ひとりが「プラネタリー・バウンダリー」について考え行動に移してほしい，という著者からのメッセージの表れであろう．また，訳出に苦労した表現の一つに「人類にとっての（地球の）安全な機能空間（safe operating space for humanity）」がある．人類を地球から見た一プレイヤーのように表しており，不思議な表現に思えたが，これも地球に感情移入して「プラネタリー・バウンダリー」を自分事として考えてもらうための意図なのかもしれない．

　翻訳作業は IGES 職員と谷で分担して進めた（序文〜第2章：谷淳也，第3章：蓑輪智子，第4章および第二部序文：髙橋愛，第5章：吉田哲郎，第6章および第三部序文：津髙政志，第7章：北村恵以子，第8章：眞鍋由実，第9章〜あとがき：森秀行）．担当章の翻訳のみならず，背景にある考え方や訳語についても議論を重ね，皆で知恵を絞って作業を進めたことは大変貴重な経験となった．著者が本書に託したメッセージを，日本の読者の皆さんに伝えることができれば嬉しく思う．

234   訳者あとがき

　また，出版にあたっては多くの方から協力をいただいた．とくに，翻訳原稿を丁寧に確認下さった市原純，香取剛，三好信俊の各氏，そして丸善出版の立澤正博氏に改めて感謝の意を表したい．

訳者代表　谷　淳也
森　秀行

索 引

●英数字

2011 年エネルギー転換（Energiewende）
144

2050 年に向けての正しい道筋（Getting into the Right Lane for 2050）
168

ABC（Asian Brown Clouds） 52

ARC（Australian Research Council） 169

BCG（Boston Consulting Group） 207

BP 26

B チーム 26, 206

CFCs 41, 95

CHP（Combined Heat and Power） 181, 195

CO₂ eq 41

COP15 1

COP21 8

CSR（Corporate Social Responsibility）
25, 135, 137

EEA（European Environment Agency）
157

Energiewende 144

EP&L（Environmental Profit and Loss Account） 206

EREP（European Resource Efficiency Platform） 136

ETS（Emission Trading Scheme） 182

FIT（Feed-in Tariff） 145

GDP（Gross Domestic Product） 37, 39,
125, 129, 142, 153, 182, 191

GEA（Global Energy Assessment） 145, 181

GEOSS（Global Earth Observation System of Systems） 171

GEP（Gross Ecosystem Product） 155

GMO（Genetically Modified Organisms）
148

GTI（Great Transitions Initiative） 168

H&M 203

IEA（International Energy Agency） 111

IPAT 37

IPBES（Intergovernmental science-policy Platform on Biodiversity and Ecosystem Services） 130

IPCC（Intergovernmental Panel on Climate Change） 39, 85, 130
　第 5 次評価報告書（AR5） 39
　——評価報告書 87
　——ワーキンググループⅢ 182

MDGs（Millennium Development Goals）
165

MEA（Millennium Ecosystem Assessment） 130

NEEM（North Greenland Eemian Ice Drilling Project） 86

OECD（Organisation for Economic Co-operation and Development） 32, 142, 215

PBL（Plan Bureau voor de Leefomgeving）
　　68, 168
SDGs（Sustainable Development Goals）
　　165, 167
SEI（Stockholm Environment Institute）
　　157
SRC（Stockholm Resilience Centre）　92,
　　149, 168, 230
TEEB（The Economics of Ecosystems and
　　Biodiversity）　130
UNCED（United Nations Conference on
　　Environment and Development）
　　165
UNEP（United Nations Environment
　　Programme）　164
　　――の改革　164
WBCSD（World Business Council for
　　Sustainable Development）　135,
　　167
WBGU（German Advisory Council on
　　Global Change）　181
WHO（World Health Organization）　164
WTO（World Trade Organization）　164
WWF（World Wildlife Fund）　5, 230

●あ行
アクション 2020　136, 167
亜酸化窒素　41, 73
　　大気中濃度　34
アジアの茶色の煙霧（ABC）　52
アジェンダ21　165
新しい気候経済　182
アフリカの角　99
アポロ8号　190
アラゴナイト　76
アラブの春　99
アラル海　80

アラレ石　76
アルゴフロート　171
安全な機能空間　2, 66, 79, 81, 88, 94,
　　138, 142, 152, 153, 167, 174, 217
（ウィリアム・）アンダース　190
アンチモン　106
イエローストーン国立公園　131
イケア　25
異常気象　7, 39, 127
遺伝子組み換え作物（GMO）　148
遺伝子作物　189
遺伝的な冗長性　130
入れ子構造の開発の枠組み　167
インジウム　105
ヴァージン・グループ　26, 206
ウォルマート　26, 135
ウジ　202
宇宙船地球号　141
エアロゾル
　　――負荷　52, 68, 69
　　温暖化――　73
　　冷却化――　73
永久氷床　60
液化石炭　111
液化天然ガス　111
エコロジカル・フットプリント　149
エネルギー自給率　112
エビの養殖量　35
エボラ・ウィルス　98
エーミアン間氷期　50, 86
エルニーニョ現象　47
エレン・マッカーサー財団　149
オイル・サンド　111
欧州環境庁（EEA）　157
欧州資源効率プラットフォーム（EREP）
　　136
応答の多様性　130

オゾン層の損失率　34
オゾン濃度　77
オゾン・ホール　77
オックスファム　5, 174, 193
オランダ環境評価庁（PBL）　68
温室効果ガス　3, 33, 41, 52, 63, 71, 73,
　　　79, 88, 95, 112, 146, 172, 184,
　　　212
温暖期　29

●か行
階層的構造　72
外部性　136, 175
海洋酸性化　2, 35, 68, 69, 70, 76, 95, 171
カウボーイ経済　141
化学物質汚染　31, 68, 69
カー・シェアリング　150
ガバナンス　65, 153, 163, 167
カーボン・ニュートラル　150
灌漑　30, 77, 184
環境影響　185, 215
環境災害　129, 136
環境主義者　136
環境スチュワードシップ　161, 167
環境損益（EP&L）　206
環境保全型農業　211
（マハトマ・）ガンジー　173
完新世　30, 36, 51, 54, 59, 60, 66, 70, 72
寒冷期　29
企業の社会的責任（CSR）　25, 135, 137
気候システム　33, 72, 94, 175
気候変動　5, 30, 33, 39, 41, 54, 68, 81,
　　　88, 93, 157, 211
気候変動に関する政府間パネル（IPCC）
　　　39, 85, 130
希土類　105, 110, 116
京都議定書　2

共有地の悲劇　163
漁場の崩壊　127
許容限度　65
金属集中消費型　106
金属のリサイクル率　110
グラフェン太陽光セル　144
（デヴィッド・）グリッグス　167
グリーンランド　30, 83, 86
グリーンランド深層氷床コア採掘計画
　　　（NEEM）　86
グレート・バリア・リーフ　95, 168
グロス・エコシステム・プロダクト
　　　（GEP）　155
グローバル・エネルギー評価（GEA）
　　　145, 181
グローバル・カーボン・プロジェクト
　　　89
グローバル・コモンズ　175, 191
グローバル・チャレンジ財団　7
グローバル・リスク報告書　172
クロロフルオロカーボン（CFCs）　95
経済協力開発機構（OECD）　32, 142,
　　　215
経済発展　33, 111, 125, 137, 148, 153,
　　　191
限界値の定量化　60, 69, 78
限界負荷　65
（アル・）ゴア　88
硬質サンゴ生態系　47, 92
豪州研究会議（ARC）　169
国際エネルギー機関（IEA）　111
国際応用システム分析研究所　68
国内総生産（GDP）　37, 39, 125, 129,
　　　142, 153, 182, 191
国連環境開発会議（UNCED）　165
国連環境計画（UNEP）　164
国連気候変動枠組条約　1, 2, 194

238　索　引

国連持続可能な開発会議　5, 165
国連・都市における生物多様性概観
　　　149, 208
コジェネレーション　181
固定価格買い取り制度（FIT）　145

●さ行
最終氷期　30
最上位の捕食者　77, 81, 93, 129, 131
再生可能エネルギー　25, 112, 114, 145,
　　　180, 189, 195, 200
最低基準　65
産業革命　31, 33, 39, 50, 68, 76, 77, 81,
　　　88, 145
酸欠海域　78, 79
サンゴ礁　39, 47, 70, 76, 93, 100, 168,
　　　206
　　　――の白化　39, 47, 95, 100
シェル・エネルギー・シナリオ2050,
　　　168
シェール・オイル　111
自然資本（Natural Capital）　155, 166,
　　　190, 193, 194, 206, 212
　　　――の劣化　129, 142
　　　――プロジェクト　130
自然の緩衝地帯　137
自然ベース
　　　――の解決策　202, 212
　　　――の技術　200, 202
持続可能　3, 32, 41, 46, 54, 110, 114,
　　　122, 128, 130, 135, 144, 145, 148,
　　　150, 163, 168, 179, 184, 197, 202
　　　――性　25, 45, 65, 78, 106, 136, 164,
　　　179, 191, 208, 212, 215
　　　――な開発　5, 166, 216
持続可能な開発のための世界経済人会議
　　　（WBCSD）　135, 167

持続可能な開発目標（SDGs）　165, 167
し尿処理　114
重金属　65, 72, 194
循環型経済　110, 116
循環型ビジネス　25, 149, 200
硝酸塩　72, 73
食品ロス　146, 185
食物連鎖　53, 80, 93, 130
食料安全保障　113, 114, 125, 215
シリカ　202
新規化学物質　70, 80
新自由主義　141
人新世　31, 60, 76, 98, 99, 129, 137, 166,
　　　167, 172, 179, 193, 213
死んだ海域　207
新マルサス主義　7, 141
森林被覆　80
森林面積　78
人類活動の巨大な加速（Great Accelera-
　　　tion）　32, 36, 37
水圧破砕　111
　　　――法　112
スウェーツ氷河　87
（ニコラス・）スターン　136
スチュワードシップ　45, 161, 167
ストックホルム環境研究所（SEI）　157
ストックホルム・フード・フォーラム
　　　135
ストックホルム・レジリエンス・セン
　　　ター（SRC）　92, 149, 168, 230
スペースマン経済　141
スポティファイ　208
（アダム・）スミス　194
スモッグ　52, 125
制御因子　72
制御変数　69, 73, 76--78
成層圏オゾン層の破壊　68, 70, 77

生態学的な回復力　44
生態系
　　——サービス　41, 53, 89, 126, 129,
　　　　134, 173, 191, 206
　　——の管理　128
　　——バランス　131
生態系と生物多様性の経済学（TEEB）
　　130
成長の限界　61, 142, 216
生物群系　130
生物圏　39, 44, 54, 61, 72, 78, 93, 102,
　　130, 173, 190, 199
　　——の管理　81
生物多様性　2, 32, 47, 61, 68, 72, 77, 80,
　　92, 130, 136, 149, 179, 190, 202,
　　208, 216
　　——条約　137
　　——の損失　2, 46, 70, 76, 77, 79, 88,
　　　　144, 153, 167, 171, 180, 184,
　　　　190, 217
　　——の損失率　68, 69, 153
生物多様性及び生態系サービスに関する
　　政府間科学―政策プラット
　　フォーム（IPBES）　130
生物物理学　33, 53, 60, 63, 65, 130, 153,
　　174, 193, 216
　　——的システム　44
生物量　60
世界エネルギー展望　111
世界経済フォーラム　26, 136, 172, 230
世界自然保護基金（WWF）　5, 230
世界の共有資産　191
世界貿易機関（WTO）　164
世界保健機関（WHO）　164
責任ある管理　45, 161
石油の時代　112, 115
石油のピーク　111, 112

絶対的貧困　33, 45, 142, 144, 191
絶滅率　76, 77, 135
　　種の推定——　35
　　背景——　77, 135
　　平均——　76
ゼネラル・エレクトリック（GE）　26
ゼロ・エミッション　149
繊維ビジネス　203
全球地球観測システム（GEOSS）　171
空を飛ぶ川　210

●た行
大気汚染　3, 31, 65, 68, 72, 125, 150,
　　170, 190, 194, 212
大気中濃度
　　亜酸化窒素　34
　　二酸化炭素　34, 73, 157
　　メタン　34
大転換　143, 148, 168
大転換イニシアティブ（GTI）　168
第二の機械時代　151, 153, 217
太陽光　25, 47, 135, 144, 181, 195, 200
　　入射——　52
大量絶滅　2, 131, 135
　　第6次——　80
脱化石燃料化　180
脱炭素化　94, 144, 181, 184, 195, 216
　　——スケジュール　145
タラ漁の崩壊　127
炭鉱のカナリア　93
淡水の消費　68
淡水利用　69, 70, 77, 88, 153, 185, 190
炭素価格　182
　　——制度　26, 145, 153, 155
炭素換算排出量　71
炭素税　145, 158, 164, 182
炭素排出ゼロ　150

炭素排出量バジェット　193
炭素粒子　72
タンタル　106
地域レベルの限界値　73
地球観測衛星　171, 173
地球規模のリスク　85
地球状況室　173
地球の回復力　41, 53, 54, 61, 63, 66, 71, 80, 126, 127, 159, 167, 180
地球の限界　2
地球の持続性に関するハイレベル・パネル　5
地球の出　190
地球の転換点　61
地球のフィードバック機能　126
地球レベルの限界値　73
畜産廃棄物　203
地質学的災害　129
地政学　107, 113
　　──的リスク　110
窒素　32, 39, 60, 70, 78, 79, 88, 92, 153, 188, 189, 207
　　反応性の──　78
窒素汚染　32, 35
窒素およびリンによる汚染　68
窒素固定　78, 212
　　人工的な──　78
　　生物学的な──　78
窒素循環　79, 88
窒素とリンの循環　180
チャド湖　80
中核的限界値　72
『沈黙の春』　61
追加的な農耕地　78
低炭素社会　194
転換点（tipping points）　2, 47, 60, 70, 72, 79, 87, 89, 92, 98, 105, 163, 169,

197, 207, 210, 215
天水依存型　185
土地利用の変化　68, 69, 70, 79, 80
トップ・ダウン　6, 70, 93, 153, 162

●な行
ナチュラル・ステップ　149
南極大陸　86
難分解性の有機化学物質　72
肉食指向　202
二酸化ケイ素　202
二酸化炭素　71, 95, 153, 182
　　大気中濃度　34, 73, 157
　　　大気中の──　32, 33, 53, 63, 79, 94, 127
二酸化炭素換算　33, 41, 89
二酸化炭素濃度　32, 39, 63, 76, 79, 112, 127, 157, 193
二酸化炭素排出量　33, 68, 79, 182, 184
二重の圧力　164
二重の緑の革命　146
ニャル・メンテン自然復帰支援センター　103
ニールス・ボーア研究所　86
『ネイチャー（Nature）』　2
熱帯雨林　1, 32, 35, 47, 52, 73, 77, 92, 99, 121, 210
熱電併給システム（CHP）　181, 195
農業システム　78, 93, 146, 185, 211

●は行
バイオテクノロジー　143, 148, 189
バイオプラスチック　199, 200
バイオマス　29, 70, 81, 146, 152, 181, 195
　　──残渣　182
バイオーム　130

排出ゼロ　149, 150, 217
排出量取引制度（ETS）　182
排出量の削減　81
バジェット　94, 163, 193
パッシブ・ハウス　200
バード極地研究所　83
ハーバー・ボッシュ法　78
パーム油　45, 52, 98
パラダイム　2, 59, 88, 138, 142, 153, 165,
　　　166, 193
ハリケーン・サンディ　87, 129, 208
バルティック・スターン・プロジェクト
　　　207
バルト海　79, 127, 207
潘基文　7, 149, 165, 215
ビジョン2050, 136, 167
ビッグ・スリー　70, 72
非フロン冷却システム　152
氷床コア　30, 50, 51, 86
氷床の融解　2, 39, 86, 171
漂流型計測器　171
フィードバック　47, 54, 63, 92, 99, 135,
　　　175
　　　温暖化——　81
　　　正の——　53, 63, 84, 88
　　　負の——　53, 63, 81, 84, 88
フィードバック・プロセス　84
風力　25, 135, 144, 146, 182, 195, 200
富栄養化　31, 46, 78, 116, 185, 207
不耕起農法　189
ブッシュ・ミート　38
フットプリント　41, 149, 185, 215
プーマ　26, 135, 206
フューチャー・アース　89, 171, 230
フラッキング　112
プラネタリー・バウンダリー　2, 5, 6,
　　　33, 59, 62, 64, 66, 70, 72, 79, 84,

　　　93, 111, 138, 141, 151, 157, 162,
　　　164, 166, 174, 179, 193, 215
　　2014年の更新　66
　　九つの——　3, 52, 66, 68, 70, 78, 88,
　　　98
　　定量化　60, 69, 78
プランテーション　52, 98, 122, 179
『ブルーエコノミーに変えよう』　202
放射強制力　69, 73, 76
ボストン・コンサルティング・グループ
　　　（BCG）　207
保全耕うん法　188
北極　45, 51, 60, 63, 86, 99, 171
　　——海　39, 64, 84
ポツダム気候影響研究所　60, 68
ボトム・アップ　6, 70, 93, 153, 162, 173
（ケネス・）ボールディング　141
ボルネオ　1, 52, 121
　　——の森林喪失　45

●ま・や・ら行
マックス・プランク化学研究所　60
マルハナバチ　131, 134
緑の回廊　134
緑の革命　146, 184, 185, 189, 217
ミレニアム開発目標（MDGs）　165
ミレニアム生態系評価（MEA）　130
ムーアの法則　143, 151
メタン　32, 41, 47, 60, 73, 81, 181, 212
　　大気中濃度　34
メタン・ガス　112
藻類　47, 83, 92, 95, 113, 207
野生の肉　38
ユニリーバ　26, 135, 206
ゆりかごからゆりかごへ　110, 116
緩やかな限界　70, 72
予防原則　64

四重の圧力　32, 40
（ジム・）ラヴェール　190
ラジャアンパット諸島　93, 95
（ケイト・）ラワース　172, 174
リオ＋20, 5, 165
（デヴィッド・）リカード　194
リバウンド効果　151
硫酸塩　72, 73
流水資源　77
利用制限制度　163

リン　39, 60, 69, 78, 92, 99, 105, 113,
　　153, 173, 185, 188, 193, 207, 212
　——の枯渇　113
　——の循環　60, 88, 180
　——のピーク　113
リン酸肥料　113
冷却効果　76, 84
連邦政府気候変動諮問委員会（WBGU）
　　181
ロイヤルDSM　26

著作者
J. ロックストローム (Johan Rockström)
ストックホルム・レジリエンス・センター (SRC) 所長.

M. クルム (Mattias Klum)
写真家,映像作家.

監修者
武内 和彦 (たけうち かずひこ)
公益財団法人地球環境戦略研究機関 (IGES) 理事長.

石井 菜穂子 (いしい なおこ)
地球環境ファシリティ (GEF) CEO.

訳者
谷 淳也 (たに じゅんや)
認定特定非営利活動法人ぐうですぐう事務長.
(序文～第2章)

津髙 政志 (つだか まさし)
IGES プログラムコーディネーター.
(第6章,第三部序文)

蓑輪 智子 (みのわ ともこ)
IGES 研究員. (第3章)

北村 恵以子 (きたむら えいこ)
IGES 出版コーディネーター. (第7章)

髙橋 愛 (たかはし あい)
IGES 研究員. (第4章,第二部序文)

眞鍋 由実 (まなべ ゆみ)
IGES 役員秘書. (第8章)

吉田 哲郎 (よしだ てつろう)
IGES リサーチマネージャー. (第5章)

森 秀行 (もり ひでゆき)
IGES 所長. (第9章,あとがき)

小さな地球の大きな世界
プラネタリー・バウンダリーと持続可能な開発

平成 30 年 7 月 10 日　　発　　　　行
令和 3 年 4 月 30 日　　第 7 刷発行

著作者　　J. ロックストローム
　　　　　M. クルム

監修者　　武 内 和 彦
　　　　　石 井 菜 穂 子

発行者　　池 田 和 博

発行所　　丸善出版株式会社

〒101-0051 東京都千代田区神田神保町二丁目17番
編集：電話(03)3512-3266／FAX (03)3512-3272
営業：電話(03)3512-3256／FAX (03)3512-3270
https://www.maruzen-publishing.co.jp

© Kazuhiko Takeuchi, Naoko Ishii, Junya Tani, Tomoko Minowa,
Ai Takahashi, Tetsuro Yoshida, Masashi Tsudaka, Eiko Kitamura,
Yumi Manabe, Hideyuki Mori, 2018

組版印刷・精文堂印刷株式会社／製本・株式会社 星共社

ISBN 978-4-621-30302-3　C 3044　　　　　Printed in Japan

本書の無断複写は著作権法上での例外を除き禁じられています.